AF389800

BIBLIOTHÈQUE AGRICOLE DU MIDI

COURS ÉLÉMENTAIRE

D'AGRICULTURE

PRATIQUE

APPLIQUÉ AUX CONTRÉES MÉRIDIONALES

DE LA FRANCE

PAR

LOUIS FABRE

DIRECTEUR DE LA FERME-ÉCOLE DE VAUCLUSE

TOME PREMIER

MONTPELLIER

GRAS, IMPRIMEUR-LIBRAIRE, ÉDITEUR

1861

COURS ÉLÉMENTAIRE

D'AGRICULTURE PRATIQUE

HISTOIRE ABRÉGÉE DE L'AGRICULTURE[1]

PRÉLIMINAIRE

Avant que l'homme eût acquis par expérience les avantages qu'il pouvait retirer du labourage et de l'élève des bestiaux, il ne put satisfaire son premier besoin, celui de la nourriture, que par les produits naturels qu'il trouve dans la terre : les racines des diverses plantes et les fruits furent alors son unique aliment; ce qui a fait dire, avec

[1] La majeure partie des renseignements contenus dans cet historique ont été puisés dans le *Cours complet d'agriculture*, dans le *Cours de culture* d'André Thouin, dans les *Voyages* d'Arthur Young et dans l'*Économie rurale* de Léonce de Lavergne.

Cours d'agr. prat.

quelque raison, que le jardinage a été le premier de tous les états et le père de l'agriculture. En effet, l'homme, avant de se livrer à la grande culture, dut chercher à augmenter la production du fruitier et du potager, sauf à satisfaire ses besoins carnivores par la pêche et par la chasse. On comprend, en effet, que les animaux divers que le Créateur avait répandus avec profusion autour de l'homme devaient bientôt contribuer à l'alimentation et à l'habillement des générations primitives, et que la puissance humaine dut s'exercer d'abord sur ces êtres timides et inoffensifs, qui offraient toutes les ressources à la fois par leur chair délicate, leur lait abondant et leur riche toison. Mais ces animaux, créés sans défense, avaient besoin, à leur tour, de la protection de l'homme, pour ne point voir leur race détruite par les formidables carnassiers qui les entouraient de toute part, et cette réciprocité fut l'origine de la vie pastorale de nos premiers pères. Plus tard eut lieu l'invention du labourage, qui dut coïncider avec la découverte de l'usage des céréales, ce qui a été le plus grand pas dans l'agriculture primitive et le plus important, car il a conduit à l'établissement de la propriété.

L'importance de l'agriculture ne saurait être mise en doute : c'est elle qui fournit non-seulement à notre alimentation, mais qui est la mère des manufactures et du commerce ; sans elle, il ne pourrait y avoir ni civilisation ni progrès sociaux.

Dans les premiers âges de l'humanité, avant que le labourage fût connu, les terres étaient communes à tous les habitants, et chacun dressait sa cabane là où il jugeait le plus convenable de faire paître ses troupeaux ; mais la division de la propriété devint indispensable quand le labour fut usité, et chaque famille, chaque groupe devint propriétaire d'une portion relative au nombre et à la force physique de ses membres.

ANTIQUITÉ

Nous comprendrons, dans ce chapitre, l'agriculture de tous les peuples depuis le déluge; nous parlerons vers la fin seulement de celle des Romains, qui date du iie siècle avant Jésus-Christ et va jusqu'au ve siècle de notre ère.

L'antiquité comprend les temps écoulés depuis l'époque du déluge jusqu'au ve siècle de Jésus-Christ; le moyen âge va du ve au xve de notre ère; le temps moderne, du xve à l'époque actuelle.

En remontant jusqu'au premier âge du monde, au milieu du nuage épais qui couvre ces temps fabuleux, on trouve à peine quelques traces de l'art agricole. Après la catastrophe du déluge, dont toute la surface de la terre porte témoignage, les premières sociétés apparaissent en Asie : c'est là que l'agriculture paraît avoir pris naissance; les Chinois, les Perses, les Phéniciens et les Hébreux semblent l'avoir pratiquée les premiers. De l'Asie elle passa dans l'Egypte, qui colonisa la Grèce; les Grecs, qui avaient ainsi reçu leurs arts des Égyptiens, les transmirent par suite aux Romains, et ceux-ci au reste de l'Europe.

Avant l'époque des Romains, on trouve peu de faits consignés sur l'agriculture; mais ce peuple intrépide améliora cet art et en étendit la pratique à la faveur de ses conquêtes. Après la chute de l'empire romain, la culture déclina dans toutes les parties de l'Europe où ils l'avaient portée, et, durant les siècles de barbarie, elle fut principalement conservée sur les terres de l'Église. Avec la renaissance générale des arts et des lettres qui eut lieu dans le xvie siècle, l'agriculture sortit aussi de son assoupissement, d'abord en Italie, puis en France et en Allemagne; plus tard elle fleurit surtout en Flandre, en Suisse, et enfin, dans les temps postérieurs, elle a atteint en Angleterre un état de perfection beaucoup plus remarquable. L'agriculture moderne de l'Amérique et celle des colonies européennes établies dans les diverses parties du globe ont suivi les progrès de l'Europe, tandis que la Chine et l'Inde sont restées stationnaires depuis une longue suite de siècles.

Après cette esquisse générale, nous rentrerons dans les détails les plus saillants de l'histoire de l'agriculture dans l'antiquité.

En examinant cette antique Egypte, mère de la civilisation des peuples, nous la voyons rendre hommage à ses dieux des plus importantes découvertes en agriculture.

Le plus ancien des écrivains sur l'agriculture est Moïse, qui vécut 1,600 ans avant Jésus-Christ.

Hésiode, le plus ancien auteur grec sur le même art, appartient au xe siècle avant notre ère.

On ne saurait se refuser à admettre que le monde antédiluvien devait se trouver en possession des arts les plus utiles et les plus indispensables, car Noé est représenté comme agriculteur et comme ayant cultivé la vigne et fait du vin ; trois siècles plus tard, Abraham était possesseur de nombreux troupeaux et d'esclaves des deux sexes. Isaac, son fils, est cité comme ayant récolté en Palestine cent pour un de blé. L'Egypte paraît avoir été aussi à cette époque le grenier d'abondance du monde, car Abraham et ensuite Jacob eurent recours à ce pays en temps de famine.

Moïse prétend qu'en Orient l'agriculture a été pratiquée de temps immémorial dans toute sa perfection ; d'autres écrivains en attribuent l'invention à des personnages fabuleux : les Egyptiens à Osiris, les Grecs à Cérès et à Triptolème, les Latins à Janus, et les Chinois à Tching-Hong. D'après d'autres traditions, on attribue l'invention de la charrue à Osiris ou à Triptolème, la découverte du blé à Cérès et à Triptolème son fils ; d'autres encore à Isis.

La fertilité de la vallée du Nil était de nature à porter les Egyptiens vers les améliorations agricoles ; aussi leur industrie rivalise-t-elle avec la richesse du sol, et parvinrent-ils ainsi à ce degré de grandeur et d'opulence tant célébré par tous les peuples.

C'est en Egypte que les Grecs, encore presque sauvages, prirent quelques connaissances des arts, des sciences et surtout de l'agriculture ; ils commencèrent dès lors à perdre ce caractère féroce qu'ils avaient conservé en vivant dans les forêts. L'usage de la charrue fut, pour ainsi dire, le premier pas qu'ils firent vers la civilisation ; ils cultivèrent la vigne, quelques plantes méridionales et divers végétaux propres aux arts.

Aristée, d'Athènes, fut le premier qui cultiva l'olivier, et qui trouva le moyen d'en extraire l'huile. C'est aux Athéniens que nous sommes redevables du figuier, du cognassier de l'île de Crète, des châtaigniers de Sarde, des pêchers et des noyers de Perse, ainsi que des citronniers du Midi.

D'après les antiquaires, il paraîtrait que la plus ancienne des machines pour cultiver le sol a dû être le *pic*, dont on aurait fait plus tard des modifications successives jusqu'à en faire la première charrue, que des médailles de la plus haute antiquité reproduisent traînée par deux serpents.

La culture du blé paraît aussi avoir pris naissance en Egypte. Des travaux considérables qui ont été exécutés dans la basse Egypte, pour la distribution des eaux du Nil, avaient pour but principal l'irrigation dès blés. Ces ouvrages furent considérablement augmentés par Sésostris, dans le XVIIe ou le XVIIIe siècle avant Jésus-Christ. Plus tard cependant, Hérodote, qui vivait au Ve siècle avant notre ère, rapporte que, de son temps, le froment n'était pas cultivé, et que le pain qu'on en faisait n'était pas estimé ; le riz était le seul grain mis en culture. Mais, du temps de Pline, le sol de l'Egypte était dépeint par cet auteur comme le plus fertile, car le blé, d'après lui, y rendait cent pour un.

Dans l'hypothèse que l'agriculture fut d'abord connue en Egypte, on doit en conclure que les auteurs contemporains ont dû commencer par imiter les pratiques égyptiennes.

Le bœuf et l'âne ont été les deux premiers animaux employés au labourage ; il paraîtrait même qu'on les accouplait, car Moïse défend aux Juifs de le faire, leurs pas étant différents et partant leur travail inégal. Les produits agricoles des Juifs étaient les mêmes que ceux des Égyptiens : le blé, le vin, l'huile, le lait, les bêtes à laine et le gros bétail, sauf le porc. Le chameau était alors comme aujourd'hui la bête de somme des longues traversées ; le cheval était un animal de guerre et de luxe. Les anciens Grecs, peu adonnés, du reste, à l'agriculture, ont prétendu que la culture du blé leur fut enseignée par Cérès. Xénophon, au retour de son exil, écrivit divers ouvrages d'économie, dont un sur l'agriculture. Théophraste, considéré à juste titre comme le père de la botanique, décrivit, dans son histoire des plantes, des prescriptions précieuses sur diverses parties de l'agriculture et du jardinage. Toutefois les principaux documents sur l'agriculture grecque sont donnés par Hésiode, contemporain d'Homère.

Chez les Grecs, le partage des biens était égal entre les fils ; il était défendu d'acheter des terres au delà d'une certaine limite.

Les animaux de travail étaient le bœuf et la mule ; les instruments les plus connus, toujours d'après Hésiode, étaient la charrue, la charrette, le râteau, la faucille et l'aiguillon ; les produits agricoles étaient le froment et les légumes aujourd'hui connus, le vin, la figue, l'olive, la pomme, la datte ; et les bestiaux consistaient en moutons, chèvres, porcs, bœufs, mulets, ànes et chevaux. Xénophon donne, dans son livre des *Economiques*, les plus grands éloges à un roi perse qui appliquait tous ses instants et ses voyages à l'examen et aux soins de l'agriculture, et qui distribuait de sa propre main des prix aux agriculteurs diligents. Nous voyons encore, dans la Chine, le souverain tracer lui-même, chaque année, un sillon de sa propre main.

La république de Carthage, qui subsista dans un état florissant pendant 700 ans et plus, avant le IIe siècle qui précéda notre ère, fit prospérer l'agriculture en Espagne, en

Sicile, en Sardaigne , partout où elle étendit sa domination.

L'Italie et quelques contrées du midi de la France furent probablement cultivées en partie sous l'influence des colonies grecques du littoral et sous celle des Carthaginois de la Sicile; mais le nord de la France et le reste de l'Europe paraissent avoir été principalement dans un état inculte et sauvage, parcourues qu'elles étaient par les tribus nomades de nations pastorales et de peuples chasseurs, les Celtes, les Goths et les Slaves.

Le peuple romain dut son origine à une troupe de voleurs et d'aventuriers qui, conduits par un chef entreprenant, se réunirent pour fonder une ville ; leur nombre s'accrut rapidement de tous les esclaves en fuite , de tous les malfaiteurs poursuivis par la justice. La force fut le premier droit, la rapine le premier penchant; mais un roi plein de sagesse, le vertueux Numa , chercha bientôt à adoucir ces mœurs sauvages en développant le goût de l'agriculture. Il allait encourager lui-même les laboureurs dont les champs étaient bien tenus ; il partagea les terres conquises sous le règne précédent entre les plus pauvres habitants, qui devinrent bons citoyens en devenant propriétaires. Jamais Rome ne fut plus florissante et ne vit ses campagnes mieux cultivées que dans les temps mémorables où les pères conscrits [1] sortaient des champs pour venir siéger au milieu du Sénat, tels que les Attilius et les Cincinatus, qui quittaient la charrue pour se mettre à la tête de

___

[1] Les sénateurs.

la république au moment du danger, et revenaient ensuite, couverts de lauriers, reprendre leurs travaux champêtres.

Dans les premiers siècles de la république, les terres étaient occupées et cultivées par les possesseurs eux-mêmes; et, comme cet état de choses subsista près de cinq siècles, ce fut la cause de la supériorité agri ole des Romains. La perfection à laquelle ils amenèren l'agriculture était telle que Varron, parlant des fermes de C. Scofia, dit : « Elles sont pour beaucoup de gens, à raison de leur culture, un spectacle plus agréable que les édifices royalement ornés des citadins. »

Les Gaulois, qui s'étaient longtemps nourris des glands que produisaient leurs vastes forêts, s'occupèrent à leur tour d'agriculture. Ils adaptèrent des roues à leurs charrues, qui devinrent ainsi beaucoup plus commodes que celles des Egyptiens. Les Romains adoptèrent cette invention et donnèrent en échange les productions de leur climat, qui se sont naturalisées dans les Gaules.

Les notions sur l'agriculture romaine sont puisées dans des écrits authentiques, tandis que les époques plus reculées sont entourées de beaucoup de conjectures.

Les animaux de travail employés chez les Romains étaient les mêmes que ceux des autres nations de l'antiquité : le bœuf principalement, l'âne et le mulet pour les fardeaux, le cheval pour la chasse et pour la guerre. Le respect que les Egyptiens, les Juifs et les Grecs avaient pour les bœufs, se retrouve chez les Romains.

Les Romains employèrent de nombreux instruments aratoires. Leurs charrues sont mentionnées par Caton comme étant de deux sortes : l'une pour les terres fortes, et l'autre pour les sols légers. Varron en cite une à deux versoirs :

Pline en mentionne une à un versoir, et d'autres munies d'un coutre. Rosier dit que la charrue romaine était conforme à celle qui est encore usitée dans le midi de la France.

Ils se servaient d'une forte planche garnie de dents pour briser les mottes ou pour extirper les racines et les mauvaises herbes, sorte de herse de notre époque; ils faisaient usage du râteau, de la herse à main, d'une grande herse à deux pointes d'un côté et une tête à marteau de l'autre, de la bêche, de la pelle, de la serpette, de la scie, de la hache et de la faucille.

Pline relate qu'on avait inventé une machine à moissonner dans le midi de la Gaule. Il y avait aussi des instruments pour battre et pour égrener le blé; un de ces instruments, en forme de peigne, enlevait le grain des épis.

Les ventilateurs n'y étaient pas inconnus, et il y avait aussi des pressoirs à vin et à huile.

Le labourage, l'ensemencement, la récolte et la jachère étaient les opérations ordinaires de l'agriculture; mais on ajoutait la plus haute importance aux fumures, aux sarclages et aux irrigations. Un fumier modéré et fréquent était préféré à une forte et rare fumure. L'usage de faire pâturer et herser les blés était très répandu quand la végétation était trop active.

Les céréales cultivées par les Romains étaient le blé, l'orge, le maïs, le seigle, le millet, l'avoine; pour les légumes ils avaient la fève, le pois, la lentille, le lupin, la gesse, l'ers, le pois-chiche, le haricot; on faisait de l'huile avec la sésame et le pavot; la luzerne et le cytise étaient les plantes les plus employées pour le fourrage. Cette dernière légumineuse est très-usitée en France dans diverses contrées montagneuses, notamment dans les Cévennes et dans plusieurs chaînes des Pyrénées. La vigne était cultivée en hautain, comme aujourd'hui encore en Italie et dans l'Isère, où on la fait grimper sur les arbres.

Les animaux de conserve pour l'usage culinaire étaient les quadrupèdes et les volatiles dont nous nous servons aujourd'hui, y compris les grives, les alouettes, les tourterelles et les paons. Ils élevaient aussi des limaces, des abeilles et du poisson.

Les auteurs romains qui ont écrit sur l'agriculture et dont les ouvrages nous sont parvenus sont :

Caton, le père des auteurs agronomes, qui vivait l'an **150** avant Jésus-Christ ;

Varron, très-savant écrivain, astronome et soldat distingué ;

Virgile, appelé le prince des poëtes latins ; **70** ans avant Jésus-Christ ;

Columelle, auteur d'un traité complet d'économie rurale en douze livres ; il a vécu dans le premier siècle de notre ère. Il passe à juste titre pour le plus savant agronome romain ;

Pline l'Ancien, auteur d'une *Histoire naturelle* en trente-sept livres ; il était né, l'an **25** de notre ère et il mourut suffoqué aux bords du Vésuve, lors de la destruction de Pompéi ;

Palladius, auteur d'un poëme sur l'agriculture en quatorze livres, et qui a vécu dans le IVe siècle de notre ère.

Les Romains apprirent des Grecs à perfectionner leur agriculture et la poussèrent, pendant plusieurs siècles, à un perfectionnement remarquable. La pratique de cet art n'était pas seule familière à chaque soldat romain, mais il n'en était pas un qui ne le tînt en estime ; ils l'enseignaient dans tous les pays qu'ils avaient conquis. Cependant ils trouvèrent l'agriculture très-avancée à Carthage, en Espagne, dans le sud-est de la France, attendu que les Grecs avaient établi à Carthage et à Marseille des colonies qui florissaient avant la conquête romaine.

Néanmoins le progrès agricole commença à décliner sous Varron et était tombé bien bas sous Pline. Cette chute provint du luxe que déployaient les plus puissants de Rome, qui, comptant sur les revenus que leur fournissaient les provinces conquises, abandonnèrent leurs domaines et négligèrent l'agriculture; ces dépenses excessives provoquèrent les emprunts, amenèrent la ruine, et les propriétaires obérés se virent forcés d'élever les charges de leurs fermiers à un point tellement oppressif, que ceux-ci, découragés par tant d'exigence, cessèrent d'exercer leur état primitif et devinrent indolents et rapaces comme leurs propriétaires.

MOYEN AGE

DU Ve SIÈCLE AU XVe DE NOTRE ÈRE

Dans les siècles d'anarchie et de barbarie qui suivirent la chute de la puissance romaine, l'agriculture paraît avoir été abandonnée pour la vie nomade; et, en effet, il était plus facile de cacher les troupeaux à un ennemi que des récoltes sur pied. On est heureux toutefois de constater que l'empire de la foi chrétienne sur les barbares de cette époque leur avait fait respecter les établissements religieux, dans lesquels furent conservés les débris des lettres et des arts qui ont échappé à une destruction complète.

L'agriculture fut pendant plusieurs siècles livrée à des serviteurs, sous la direction des moines, qui eurent recours aux auteurs romains pour retrouver les principes de l'art agricole; mais celui-ci fit peu de progrès durant le moyen âge, et ce ne fut qu'après cette époque qu'il commença à renaître en Europe parmi les propriétaires laïques.

Les Goths, les Vandales et les Francs, qui conquirent la Gaule au v⁰ siècle, portèrent à l'agriculture un coup mortel, dont elle ne se releva que pendant les xi⁰ et xii⁰ siècle. Vers cette époque, en 1146, les vers à soie furent importés de la Grèce en Sicile par Roger, premier roi de cette île, et l'ont vit naître en Lombardie des améliorations remarquables dans la culture du blé, de la vigne, de l'olivier, et mettre en pratique les irrigations.

C'est aussi vers cette époque que les croisades nous valurent l'acquisition du prunier d'amon, du lilas, du rosier à cent feuilles, du maïs, de l'œillet des jardins, de la renoncule de Candie et de plusieurs autres végétaux utiles ou agréables.

La plus grande partie des meilleures terres était alors entre les mains du clergé. Au xiii⁰ siècle, le nombre des jours de fêtes fut diminué, et ont vit s'introduire l'usage des moulins à vent. Aux xiv⁰ et xv⁰ siècles, l'agriculture eut à souffrir des guerres et des conquêtes des Anglais. Vers la fin du xvi⁰, sous Henri IV et son vertueux ministre Sully, de grandes entreprises eurent lieu, et la France abondait à cette époque en blé, en légumes, en vins, en lin, en chanvre, en sel, en huile, en bestiaux gros et petits et en toute sorte de productions, tant pour la consommation intérieure que pour l'exportation.

Pendant que les ténèbres du moyen âge couvraient ainsi l'Europe, l'Asie, ravagée par les mahométans, soumise au despotisme le plus barbare par Mahomet et ses descendants, perdit désormais son agriculture; ces vastes contrées suffirent également à peine à la nourriture de leurs habitants.

L'Égypte, si fertile, qui nourrissait auparavant une population immense et alimentait une partie de l'Arabie, de l'Afrique et de la Grèce, vit détruire ces travaux d'art qui décuplaient la production du sol, et la culture, se resserrant dans les étroites limites marquées par les débordements du Nil, arriva graduellement à cet état de langueur où nous la voyons encore de nos jours.

La Chine seule paraît ne s'être pas ressentie de ces révolutions si funestes aux autres parties du monde. On doit présumer, au contraire, que son agriculture se trouvait alors dans un état de prospérité croissante; mais, comme à cette époque elle était presque inconnue des Européens, nous ne parlerons de ce peuple que dans le paragraphe qui traite de l'agriculture dans les temps modernes.

TEMPS MODERNES

DU XVe SIÈCLE A L'ÉPOQUE ACTUELLE

L'agriculture commença à s'élever au rang d'une science véritable dans les principales parties de l'Europe, notamment vers le milieu du xvie siècle : la France eut à cette époque *Olivier de Serres*, et des agriculteurs aussi recommandables se firent remarquer en Italie, en Allemagne, en Espagne et en Angleterre, lesquels publièrent des ouvrages qui servirent de point de départ et donnèrent cette impulsion générale qui amena des progrès réels vers le milieu du xviie siècle. Après le moment d'arrêt qu'occasionna la révolution de 89, la marche de l'agriculture fut constamment progressive en Europe, et elle a atteint de nos jours un très-haut degré de perfection en Angleterre, en Italie, en Belgique et dans certaines parties de l'Allemagne, tandis que en Espagne, en Hongrie, en Pologne et en Russie, elle est demeurée stationnaire.

Nous allons esquisser rapidement quelques notions générales sur les divers pays, avant d'entrer dans les détails de notre agriculture française.

Égypte. — Ce pays, qui était jadis représenté comme un jardin délicieux, qu'on pouvait parcourir dans toute son étendue à l'ombre d'arbres fruitiers de toute espèce, sur lequel des plantations fécondes attiraient une rosée bienfaisante; ce pays, si favorisé de la nature et rendu jadis si productif par l'intelligence de ses habitants, ne présente plus aujourd'hui qu'un sol nu et des cultivateurs misérables. Ces pauvres gens, ne trouvant pas même le combustible indispensable à la cuisson de leurs grossiers aliments, sont contraints d'employer à cet usage le chanvre de leurs céréales et même la fiente de leurs bestiaux. Aussi l'agriculture s'y

réduit-elle à faire croître les productions les plus nécessaires à l'existence.

Chine. — Les immenses travaux qui ont été exécutés
pour procurer des terrains à l'agriculture et pour fertiliser
le sol, dans plusieurs parties de ce vaste empire, prouvent
combien le gouvernement y favorise le premier des arts.
Des montagnes aplanies ou coupées en terrasse sont de-
venues accessibles à la culture, des ruisseaux et des rivières
ont été détournés de leur cours pour arroser des terrains
arides, les cultivateurs instruits sont récompensés et ho-
norés, enfin des fêtes solennelles sont instituées en Chine
pour encourager l'agriculture. Les Chinois possèdent toutes
les céréales d'Europe et plusieurs autres espèces ou variétés
de la même famille, qui sont inconnues dans notre économie rurale; les produits de presque toutes les cultures
sont des denrées de première nécessité. Les provinces du
Nord donnent du blé, celles du Midi du riz et beaucoup
de légumes. Cependant la vigne n'y est pas cultivée en
grand, parce que le gouvernement veut que l'usage du vin
soit réservé aux castes riches.

Toutes les vues politiques sont tournées vers la culture
d'une utilité plus directe; le thé et la canne à sucre sont
généralement cultivés dans la partie la plus méridionale de
l'empire, où ils ne sont tolérés néanmoins que parce qu'ils
emploient des terrains qui ne peuvent produire de moissons. Le thé croît sur les montagnes escarpées, dans les
fentes des rochers, et la canne à sucre dans les endroits
marécageux, où ne végéteraient que des roseaux et des
bambous. Les bords des chemins, des grandes routes,
sont plantés de chênes, de frênes et de mûriers, dont les

feuilles sont employées pour la nourriture des vers à soie.

Les Chinois entendent parfaitement la culture des prairies artificielles et naturelles ; outre le lin et le chanvre, ils recueillent, sur quelques parties de leur sol, diverses plantes textiles que nous ne possédons pas. Ils sont riches en arbres fruitiers ; leurs vergers sont peuplés d'espèces et même de genres qui ne sont point parvenus en Europe.

Afrique. — L'agriculture de l'Afrique, chez les peuples encore sauvages qui habitent une partie de l'intérieur du continent, est nulle ou peu connue ; chez les peuples plus civilisés, réunis dans les villages et les grandes villes, elle est plus avancée ; enfin, dans les colonies européennes placées le long des côtes, la culture se rapproche du degré de perfection qu'elle a acquis dans différentes contrées de l'Europe. On y récolte beaucoup de céréales, de l'huile d'olive, du coton, du tabac, des fruits et des légumes, et quelque peu de garance.

En général, cependant, cette partie du monde donne très-peu de produits agricoles relativement à sa vaste étendue. L'intérieur de l'Afrique, qui nous est encore inconnu, paraît occupé en grande partie par d'immenses déserts couverts d'un sable mobile que le vent transporte à son gré ; on ne connaît guère de terrains susceptibles d'être cultivés qu'aux bords des lacs, le long des fleuves et particulièrement sur les côtes de la mer.

Amérique. — L'agriculture se présente en Amérique dans deux états bien différents : celle des anciens possesseurs du pays est presque nulle ; celle des Européens qui peuplent maintenant le Nouveau Monde est, au contraire, trèsperfectionnée dans certaines localités. Dans les régions tempérées, les naturels cultivent du maïs, des racines alimentaires et du tabac; dans les climats chauds, les principaux objets de culture sont la pomme de terre, les patates, les ignames, le manioc, le maïs, le riz dans quelques localités, et le tabac. On y trouve en abondance des fruits européens et beaucoup d'autres, qui croissent spontanément et qui sont bons à manger, tels que les bananes, les ananas, les sapotilles, les ançones, les avocayers, les papayers, etc.

On y conserve quantité d'engrais; on évalue à **1,600** millions de francs la somme payée annuellement à l'Amérique par l'Angleterre pour les engrais de toute espèce employés sur les terres du Royaume-Uni. La mécanique agricole a fait beaucoup de progrès aux États-Unis.

Russie. — Le climat de la Russie présente des différences si grandes, qu'elle a été divisée en quatre régions, savoir: la glaciale, la froide, la tempérée et la chaude. Dans la première région, les champs sont si stériles, qu'il n'y pousse d'autres plantes que des lichens, et que le renne seul peut s'y nourrir; mais la région chaude offre les mêmes cultures que l'Italie. Dans l'ensemble de ces divers climats, on cultive le lichen, le houblon, qui y est indigène, le lin, le chanvre, le trèfle rouge, la plupart des céréales, notamment le blé et le sarrazin, et plusieurs variétés de seigle, orge et avoine de printemps, qui, semées en avril et mai, se récoltent en juillet et août; la sésame et la moutarde blanche sont les plantes oléagineuses de ce pays. Les fèves, les pois et les haricots y sont peu abondants; le riz est cultivé sur certains points; les plantes herbagères y sont rares. Les vastes steppes, les forêts et les terres incultes fournissent suffisamment de fourrage et de pâturage. Dans la région chaude, on cultive très-avantageusement le tabac, la garance, le coton, les pommes de terre, l'asperge, les melons, les mûriers; on y a aussi essayé la culture de l'oranger, du citronnier et de la vigne, ainsi que l'éducation du ver à soie. Il se fait, en outre, un commerce d'exportation très-considérable en bois de construction.

Les bestiaux dont on se sert en Russie, pour le travail, sont les rennes, les chevaux, les ânes, les bœufs, les mulets et les chameaux, et on y consacre à la nourriture le bœuf, le mouton, le porc, la chèvre et le lapin. Les volailles sont abondantes dans le pays, ainsi que le gibier; aussi la chasse est-elle une industrie et son produit un élément de commerce, pour les fourrures surtout. Au moyen de chiens, d'armes à feu ou tranchantes, de piéges, on se procure de grandes quantités de peaux d'ours, de loup, de renne, de renard, de martre, d'écureuil, de loutre, de lynx, de putois, etc.

Le progrès agricole est loin d'être aussi avancé en Russie que dans les autres parties de l'Europe, à cause de la constitution sociale : la propriété est au pouvoir de la noblesse et du clergé, et il n'y a pas de classe moyenne. Cependant, entre ces deux classes et les esclaves, on trouve un petit nombre de naturels libres, qui, après avoir acheté leur liberté, sont devenus propriétaires. Il existe aussi sur plusieurs points, notamment sur les rives du Dniéper, des colonies de cultivateurs étrangers nombreuses et florissantes. De plus, les paysans des terres de la couronne ont été affranchis, et le czar actuel, Alexandre II, poursuit activement l'abolition générale du servage. Des récompenses ont été accordées aux entrepreneurs agricoles, et il s'est créé des cours d'économie rurale. Grâce à ces innovations et aux réseaux de chemins de fer qui s'y établissent partout, on ne peut douter que dans ce vaste pays l'agriculture ne s'améliore bientôt.

Allemagne. — L'agriculture de l'Allemagne se rapproche plus de celle de l'Angleterre que de celle de la France. La diversité qui existe dans le climat, le sol et la culture, dans un pays aussi vaste, en rend les produits également très-variés; aussi trouve-t-on la culture du mûrier et l'éducation des vers à soie à côté des prairies et des pâturages, et le tout entrecoupé de forêts très-riches en bois de construction. Ces contrées fertiles cultivent non-seulement les plantes fourragères et les racines, qui sont les produits agricoles de l'Angleterre; mais elles fournissent en abondance les céréales, le chanvre, les navets, la garance, le tabac, le houblon, le safran, le cardon, le carvi, la rhubarbe, ainsi que plusieurs autres plantes méridionales, légumes, fruits, carottes, betteraves.

La rotation la plus usitée en Allemagne consiste, dans les terrains pauvres, en deux récoltes de grains et une jachère; dans les contrées fertiles et méridionales, les cultures vertes ou légumineuses alternent avec celle du blé, eu égard à l'abondance et à la qualité des pâturages. Le sol germanique nourrit en quantité prodigieuse du gros bétail de premier mérite; aussi ce pays fournit-il de chevaux de cavalerie une grande partie de l'Europe, et exporte-il de tous côtés des bœufs et des bêtes à laine des plus remarquables. On y trouve également en abondance des porcs, des sangliers, des ânes, des mulets, ainsi que du gibier et de la volaille. Enfin les Allemands se livrent même à l'éducation des abeilles et des oiseaux chanteurs, tels que le serin et le bouvreuil, dont on fait un commerce d'exportatation.

L'esprit de perfectionnement agricole est en ce moment plus développé en Allemagne que dans tout autre pays de l'Europe; mais les agriculteurs germains ne sont point encore arrivés à la hauteur du progrès de certaines contrées de l'Angleterre ou du nord-est de la France.

L'instruction agricole est donnée, surtout en Prusse, dans les écoles primaires; il y a aussi plusieurs institutions spéciales pour former de jeunes agronomes d'après les principes et la pratique les plus avancés. Il est bon de noter qu'en Allemagne, comme en Angleterre, on mange proportionnellement beaucoup plus de viande que dans les autres pays, et qu'aussi les Allemands sont mieux constitués et plus forts que les autres Européens.

Espagne. — Sous les Maures, l'agriculture d'Espagne avait été florissante; après leur expulsion, vers le xvi° siècle, il y eut émigration d'une partie de la population agricole vers l'Amérique méridionale, où se précipitèrent, sur la réputation de la richesse de ses mines, tous les gens avides et paresseux du continent européen. Depuis cette époque, la décadence de l'agriculture espagnole empira jusqu'au commencement du xix° siècle. Ce ne fut qu'après la guerre de 1809, et par l'intervention de la France, que l'esprit général d'amélioration put prendre tout son élan et faire admettre les progrès agricoles dont ce beau pays était susceptible. Son climat est un des plus favorables de l'Europe. Quoique le sol soit très-montagneux, il existe des plaines et des vallées immenses, d'une fertilité excessive. La température y est chaude et graduée, quoique le pays soit très-élevé au-dessus du niveau de la mer, et ses expositions variées permettent de diversifier les cultures beaucoup mieux que dans tout autre pays de l'Europe, et même du monde.

Les céréales y sont cultivées avec avantage, et la plupart des contrées y produisent les meilleurs blés d'Europe. Le lin, le chanvre et les spartes, dont on fait toute sorte de nattes, sont l'objet d'un grand commerce; on cultive auss la canne à sucre, le coton, la garance, le safran, le chêneliége et l'aloès. Ce pays produit encore le kermès, insecte dont le corps, à l'état de ver, fournit une belle couleur écarlate, ainsi que la soude, qui est extraite de la salicorne et autres plantes des marais salés. On y récolte aussi de la soie, du miel, des amandes et beaucoup de noisettes, l'orange, le citron, la grenade et l'olive; mais l'huile est de mauvaise qualité, à cause d'une fermentation outrée qu'on lui fait subir. Les fruits et les légumes sont autant abondants et variés que de qualité supérieure, à l'exception toutefois de la pomme de terre, qui est loin de produire des tubercules à chair aussi fine et aussi nourrissante qu'en Angleterre. En revanche, les patates, en Espagne, sont succulentes et s'y conservent toute l'année, tandis que celles qu'on cultive en France ne peuvent passer l'hiver qu'en serre chaude.

Les animaux élevés en Espagne sont le bœuf, l'âne, le mulet et le cheval. Les mulets et les ânes sont du premier mérite; les chevaux y sont légers. L'andaloux et très-renommé; c'est un cheval de cavalerie. Enfin les chèvres sont communes, et les moutons très-abondants et très-appréciés pour la qualité de leur laine.

Iles Britanniques. — En Angleterre, l'agriculture a atteint un degré de perfection supérieur à celui des autres États européens. Les Anglais respectent, estiment les agriculteurs et ont toute confiance en eux ; aussi les propriétaires les plus riches habitent-ils la campagne et y apportent-ils des connaissances et de l'argent. Les fermiers anglais y sont instruits, d'autant plus disposés à admettre les innovations heureuses que leurs baux sont à très-longs termes. On évalue à **27** milliards de francs la valeur des animaux, des instruments, des machines et des fabriques agricoles ; tandis qu'en France, où le territoire est d'un tiers plus étendu, cette estime ne va qu'à 12 milliards.

L'éducation des troupeaux et l'élève des bestiaux gras sont regardés, en Angleterre, comme la base de tout bon système d'agriculture. Les céréales y sont cultivées sur une petite étendue ; mais, par l'habile préparation du sol et par les engrais, on obtient sur un hectare autant de blé que sur deux hectares en France.

La consommation de la chair de boucherie est énorme chez les Anglais ; ils sont convaincus qu'une livre de viande nourrit mieux et coûte moins que trois livres de pain. A cause de cette nourriture plus convenable à l'homme, les ouvriers à façon fournissent dans les fabriques anglaises un travail beaucoup plus important que les ouvriers des autres nations.

Les cultures principales dans ce pays sont les turneps, les racines tuberculeuses, le chanvre, les céréales et autres, qui y sont d'un rendement excellent en qualité et en quantité ;

on y trouve peu de fruits, à l'exception des poires et des pommes, qui y sont abondantes, ainsi que les légumes.

Les Anglais élèvent des chevaux de premier mérite pour l'hippodrome, des bœufs, des moutons et des porcs supérieurs à ceux de toutes les autres contrées de l'Europe, sous le rapport de la facilité d'engraissement. Leurs volailles sont aussi très-abondantes et très-estimées.

Belgique. — C'est là que l'art des engrais et des assolements a pris naissance et qu'il s'est constamment perfectionné; aussi nulle nation n'a pu encore faire mieux. Ce sont les Belges également qui ont créé la pratique des engrais en vert. Ce peuple entreprenant et éminemment agriculteur, ne trouvant plus de terrains à exploiter dans son pays, a été s'établir à l'étranger, et déjà il a fondé en France, en Angleterre, en Afrique, etc., des établissements agricoles des plns importants et des mieux cultivés.

Les produits belges sont les mêmes que ceux des départements du nord de la France.

Italie. — A cause des rapports qui existent entre l'agriculture du midi de la France et celle de la haute Italie, nous sommes entraînés à dire un mot de cette dernière; nous ne parlerons de la Savoie et de Nice que dans l'énumération des cultures de la région du sud-est de la France.

L'Italie est le pays de l'Europe le plus intéressant sous le rapport agricole : le climat, les moyens d'irrigation, les qualités du sol et la surface sont si variés, qu'il existe là une diversité de cultures qu'on ne trouve dans aucune autre partie de l'Europe, à l'exception de quelques contrées de l'Espagne. Dans les régions italiennes où la température est fraîche, les pâturages sont excellents; tandis que dans celles où la sécheresse règne, les olives et les raisins y sont aussi abondants sur les coteaux que les céréales dans la plaine. C'est le seul pays de l'Europe, sauf quelques contrées espagnoles, où le fourrage, le blé, la viande, le fromage, le beurre, le riz, le coton, la soie, l'huile et les fruits atteignent un égal degré de perfection. La Lombardie est le pays où les moyens et l'art de l'irrigation ont reçu la plus grande extension. On ne se contente pas d'arroser les racines et les prairies, on dirige aussi par intervalle les eaux dans les vignes et les céréales, au moyen de petits sillons d'arrosage. L'inondation pour la culture du riz se fait à $0^m,30$ de profondeur.

Le bétail, en Italie, est l'objet des plus grands soins : on le place dans des stalles, on le tient très-propre, on le frotte d'huile et on le brosse deux fois par jour. En été, on le nourrit notamment avec du trèfle et d'autres plantes en vert; en hiver, on l'alimente avec du foin, du trèfle, de la luzerne, des feuilles d'orme et des tourteaux de noix en poudre, sur lesquels on verse de l'eau bouillante en y ajoutant du son et du sel.

Le climat de la Toscane est considéré comme le plus favorable à la culture, à l'exception de celui de ses maremmes ou régions pestilentielles situées sur les bords de la mer.

L'irrigation est aussi bien entendue en Toscane qu'en Lombardie. L'olivier y est abondant et d'une longue durée, car on trouve encore des plantations que l'on suppose être celles dont Pline parle dans son ouvrage, et qui, par conséquent, compteraient au moins deux mille ans d'existence. Les cultures de la plaine sont conformes à celles de la Lombardie; celles de la montagne consistent en châtaigniers et en bétail. La culture adoptée dans les maremmes est moins variée. Le sol appartient en grande partie aux États de l'Église, et les terres sont données à ferme, par plusieurs milliers d'hectares, à de riches capitalistes qui les font exploiter par des habitants de la montagne, lesquels meurent en partie en venant faire les moissons.

Le sol volcanique de Naples est facile à cultiver ; aussi la charrue y est-elle peu connue. Tout se cultive à la bêche. Pour les travaux, on se sert du buffle au lieu du bœuf. Les pluies de cendres du Vésuve fertilisent le sol. Les récoltes consistent en céréales, vesces, maïs, coton, oranges, citrons, noisettes et châtaignes.

France

Les études les plus remarquables qui aient été faites sur l'ensemble de l'agriculture française sont dues aux *Voyages* d'Arthur Young et aux recherches de Léonce de Lavergne : le premier écrivait entre **1787** et **1789** ; le second a étudié notre pays depuis **1789** jusqu'en **1860**. C'est dans ces auteurs que nous trouvons les principaux renseignements sur les différentes régions de la **France** ; mais, avant de parler de ces écrivains, nous devons mentionner les ouvrages et les hommes les plus recommandables qui se sont occupés d'agriculture pendant et depuis le XVIIme siècle.

L'état de l'agriculture de la France, avant le milieu **du** XVIme siècle, est à peine connu, et ce n'est que vers **les** premières années du XVIIme siècle que les écrits d'Olivier de Serre et la protection de Henri IV donnent **quelque** éclat à cet art ; enfin le milieu de ce même siècle vit se former les premières sociétés d'agriculture. Plus tard, Duhamel et Buffon appelèrent l'attention sur l'étude de l'économie rurale et des animaux domestiques ; de Truchy introduisit les races de moutons mérinos ; Anderson fit des recherches sur les troupeaux et sur l'amélioration des laines ; enfin Chaptal, ministre de l'intérieur sous Napoléon Ier, fit paraître sa *Chimie appliquée à l'agriculture ;* Duhamel de Monceaux publia son *Traité des arbres fruitiers, des semis et des plantations d'arbres ;* Huzard, qui n'a pas réuni en corps d'ouvrage ses écrits, qu'on trouve disséminés dans l'*Encyclopédie méthodique,* fit faire à l'hippiatrique d'immenses progrès ; Malesherbes, au milieu de sa vie politique orageuse, put composer encore des écrits fort recommandables sur l'agriculture, tels que *Idées d'un agriculteur patriote, Observations sur le mélèze, sur l'Histoire naturelle de Buffon, Mémoire sur les moyens d'accélérer les progrès de l'économie rurale en France.*

Nous pouvons citer encore Morel de Vindé, un des agronomes qui ont rendu les plus grands services à l'agriculture, et Parmentier, qui introduisit en France la culture de la pomme de terre. Comme toutes les innovations, cette précieuse culture rencontra pendant de longues années une telle répulsion, que, pour la faire admettre par les nombreux courtisans de Louis XVI et ensuite par les agriculteurs, Parmentier fut obligé de prier le roi de porter à une des boutonnières de son habit une fleur de pomme de terre, le jour de sa fête. Le roi y consentit, et bientôt après courtisans et hommes de toutes les classes ne voulurent plus manger que des pommes de terre, tubercule auquel on donna le nom de *pain du pauvre.* Les principaux ouvrages de Parmentier sont : *Examen chimique de la pomme de terre*, et *Recherches sur les végétaux qui, dans le temps de disette, peuvent remplacer les aliments ordinaires*. Enfin l'abbé Rosier fit un *Cours complet d'agriculture*.

Dans ces derniers temps, Mathieu de Dombasle, fondateur de l'école de Roville, un des plus savants praticiens qui aient contribué aux progrès de l'agriculture, a beaucoup écrit sur cet art; mais ses idées, si justes et pleines de vues nouvelles, n'ont été réunies que plus tard en corps de doctrine. On trouve de cet écrivain distingué, notamment, le *Calendrier du bon cultivateur*, les *Annales de Roville*, etc.

C'est pour abréger que nous ne citons qu'une partie des agronomes qui ont illustré la France, et nous nous hâtons de constater qu'après des conquêtes aussi considérables, de grandes améliorations eurent lieu dès le commencement du XVIIIme siècle; aussi voyons-nous avec bonheur, pour l'avenir de notre agriculture, que, malgré les entraînements de la spéculation et les captations des grands centres citadins, beaucoup d'hommes de premier mérite, grands propriétaires, agronomes distingués, anciens négociants, préfets, généraux, députés et ministres, se retirent dans leurs domaines pour se délasser de leurs labeurs, et pour consacrer à la culture des champs le fruit de leur travail et de leurs études. Qu'il nous soit permis de rendre hommage à ceux de ces zélés partisans du progrès agricole qui ont consacré leur fortune à aller étudier chez nos voisins d'outre-Manche, en Allemagne. en Belgique, les découvertes et les améliorations qui se révélaient dans ces contrées.

Le sort des populations de la campagne a été transformé

par les perfectionnements apportés dans la culture du sol et dans le choix des animaux. Ces résultats sont dus à l'usage des prairies artificielles et des assolements, ainsi qu'à l'établissement des concours et des Sociétés d'agriculture, qui existent aujourd'hui dans tous les arrondissements de la France. Ces éléments de succès de notre agriculture nationale seront perpétués par les concours régionaux et nationaux, et par les recherches incessantes des hommes les plus considérables, dont il serait trop long de consigner ici les noms. Nous ne saurions omettre pourtant de nommer l'un des plus illustres, et qui a été pour nous, comme pour tous les agriculteurs, un ami et un protecteur dévoué : nous voulons parler de l'homme qui a uni la pratique à la théorie la plus élevée, et qui a fait de l'agriculture une science qui doit tôt ou tard améliorer le sort de tous les peuples. Honneur et gloire en soient rendus à l'illustre Méridional comte de Gasparin !

La France, sous le rapport agricole, est divisée en six régions, composées chacune de quatorze à quinze départements et de huit à neuf millions d'hectares : le Nord-Ouest, le Nord-Est, l'Ouest, le Sud-Est, le Sud-Ouest et le Centre.

Le *Nord-Ouest* comprend quinze départements, qui sont : le Nord, le Pas-de-Calais, la Somme, l'Aisne, l'Oise, la Seine, Seine-et-Oise, Seine-et-Marne, la Seine-Inférieure, le Calvados, l'Eure, l'Orne, la Manche, l'Eure-et-Loir et la Loire. Ce groupe composait les anciennes provinces de Flandre, Artois, Picardie, Normandie et Ile-de-France. La population· de ces quinze départements réunis est de 9,310,152 habitants, dont la moitié à peine s'occupe d'agriculture. La culture de cette région, et notamment celle du département du Nord, est la plus belle de la France, et même du monde entier. D'après M. de Lavergne, dans cette contrée, le produit de la terre s'élève à 450 fr. l'hectare, trois fois plus que la moyenne de toute la France. Le bétail y est aussi trois fois plus abondant que dans tout le reste de l'Empire, toujours d'après le même auteur; on y compte presque une grosse tête par hectare. La culture principale est la betterave. Le département du Nord renferme à lui seul cent cinquante fabriques de sucre de betterave, lesquelles ont fait augmenter le chiffre du bétail dans des proportions considérables. Les céréales y sont cultivées sur une étendue moins vaste, mais elles rendent néanmoins beaucoup plus qu'avant l'introduction des betteraves. La culture du colza et celle du pavot sont aussi très-importantes, ainsi que celles du tabac, du houblon et les prairies naturelles et artificielles.

C'est dans cette région que se trouvent les plus beaux chevaux de France et quantité de bœufs de fortes races. Quelques-uns de ces départements possèdent chacun un million de moutons, à peu près autant qu'en Angleterre. On y engraisse la volaille sur la plus vaste échelle. La culture maraîchère y donne aussi des bénéfices considérables, à cause de la fertilité du sol, de la fraîcheur du climat et de la proximité de la capitale.

La région du *Nord-Est* comprend quinze départements, qui sont : les Ardennes, l'Aude, la Marne, la Haute-Marne, l'Yonne, la Côte-d'Or, le Doubs, le Jura, la Haute-Saône, la Meuse, la Moselle, la Meurthe, les Vosges, le Haut-Rhin et le Bas-Rhin. Ces départements forment les anciennes provinces de Champagne, de Bourgogne, de Franche-Comté, de Lorraine et d'Alsace. Cette région est la seconde en richesse agricole; sa population totale est de 5,512,648 habitants, dont les deux tiers composent la population rurale. Le bétail y est abondant, surtout en bœufs, porcs, chevaux, ainsi que la volaille. Ses produits principaux consistent en coupes forestières, en vigne, céréales, betterave, colza, pommes de terre, navet, topinambour, carotte, prairies naturelles et artificielles, chanvre, lin, garance et tabac.

L'Ouest, la troisième région, comprend les anciennes provinces de Touraine, de Maine, de Bretagne, de Poitou, de Saintonge, d'Anjou et d'Angoumois, et forme aujourd'hui quatorze départements: Indre-et-Loire, Mayenne, Sarthe, Maine-et-Loire, Ille-et-Vilaine, Côtes-du-Nord, Finistère. Morbihan, Loire-Inférieure, Vendée, Deux-Sèvres, Vienne, Charente, Charente-Inférieure. Quoique cette région compte 70 habitants par deux cents hectares, au lieu de 60 comme la précédente, elle est un peu moins riche; sa population totale est de 6,416,477 habitants, dont les deux tiers environ sont occupés à l'agriculture. Le nombre des bestiaux est important; les bœufs, vaches, chevaux, mulets et baudets y sont élevés avec beaucoup d'avantage. C'est dans cette région, en Poitou, que se trouvent les plus beaux baudets. On y élève aussi les moutons, mais moins que dans les précédentes régions; néanmoins, dans cinq de ces départements, on compte 1,500,000 têtes, nombre supérieur à celui qu'on trouve en Angleterre. Les principales récoltes sont la vigne, les céréales, le lin, le chanvre, les légumes, le trèfle et le champignon.

La quatrième région, le *Sud-Est*, comprend une partie de la Bourgogne, le Lyonnais, le Forez, le Dauphiné, le Vivarais, le comtat d'Avignon, le bas Languedoc, la Provence, la Savoie et le comté de Nice. Elle est composée de dix-huit départements : Saône-et-Loire, Ain, Rhône, Loire, Isère, Ardèche, Drôme, Hautes-Alpes, Vaucluse, Gard, Hérault, Basses-Alpes, Bouches-du-Rhône, Var, Corse, Savoie et Alpes-Maritimes. Cette région ne figure qu'au quatrième rang comme importance agricole ; sa population totale est de 5,818,129 habitants, dont à peine la moitié est consacrée à la vie des champs. Elle produit beaucoup de céréales, du vin, de la garance, du tabac, du colza, du chanvre, des pommes de terre, de l'huile de noix et d'olive, du lin, des légumes, de la soie, de la luzerne, des câpres, du liége, des fruits variés ; enfin, aux environs de Nice, de Grasse et d'Hyères, on cultive avec avantage les orangers et les plantes à parfum.

On récolte, en outre, dans cette région, des amandes, des graines de luzerne, de trèfle violet et de sainfoin ; mais le bétail n'y est pas en quantité suffisante, à cause de la rareté des fourrages. Dans cette région se trouvent les plus belles vaches de France : la race charolaise pour la viande, et la race savoyarde pour le lait. On y élève aussi des chevaux dans la Camargue, ainsi que des moutons et des porcs, mais non en proportion des besoins de la population. Le revenu de l'hectare n'est que de 80 à 90 fr.

La région *Sud-Ouest,* la cinquième en richesse, renferme les anciennes provinces de la Guyenne, une partie du Languedoc, le Béarn et le Roussillon. Le sol en est très-fertile, le climat excellent et propre à toutes les cultures ; néanmoins l'état de sa population atteste son infériorité sur les autres régions. Elle renferme 4,755,116 habitants, dont les trois quarts font partie de la population rurale. L'agriculture y domine ; mais il faut reconnaître que, dans les pays essentiellement agricoles, les progrès de l'agriculture sont bien souvent en rapport avec l'importance de la population à nourrir. Les quatorze départements qui forment cette région sont la Gironde, le Lot-et-Garonne, le Lot, le Tarn-et-Garonne, les Landes, le Gers, la Haute-Garonne, le Tarn, l'Aveyron, les Basses-Pyrénées, les Hautes-Pyrénées, l'Ariége, l'Aude et les Pyrénées-Orientales.

Si la moyenne des rendements du capital agricole est, dans le Nord, de 200 fr., et quelquefois même de 500 fr., par hectare, elle arrive à peine à 100 fr. dans le Midi, et tombe souvent à 50 fr.

Le Sud-Ouest a plus de bétail que le Sud-Est, mais il est loin encore d'en avoir assez pour les besoins locaux. On élève quelques bœufs de trait d'un mérite reconnu, ainsi que des moutons, des porcs, mais surtout des mulets, qui forment une industrie importante dans les Pyrénées ; enfin on y trouve une race de chevaux légers, le *navarin*. En général le foin manque ; mais un produit abondant pour le pays est la volaille, surtout les oies, dont on fait un commerce important.

Les autres productions agricoles consistent en vins de première qualité, céréales, huile d'olive, chanvre, résine, fruits et légumes. Parmi les céréales, le maïs y est cultivé

Cours d'agr. prat.

plus avantageusement que dans les autres régions, et, en fait de fruits secs, on fait une grande exportation de pruneaux et d'amandes.

La région du *Centre* est la plus pauvre de toutes. Elle comprend les anciennes provinces de Sologne, de Berry, de Nivernais, de Bourbonnais, d'Auvergne, de Velay, de Gevaudan, de la Marche, de Limousin et de Périgord. On n'y compte que 50 habitants par cent hectares, comme dans les pays les moins peuplés de l'Europe. Sa population est de 4,228,542 habitants, dont les deux tiers pour l'agriculture.

Cette région se compose de treize départements : Loir-et-Cher, Cher, Indre, Nièvre, Allier, Creuse, Haute-Vienne, Corrèze, Dordogne, Puy-de-Dôme, Cantal, Lozère, Haute-Loire. Le sol, par sa nature, est, en général, peu fertile ; néanmoins, depuis quelques années, l'agriculture progresse dans beaucoup de localités, grâce à l'intervention de riches propriétaires qui se sont placés à la tête de leur exploitation.

Cette région produit des bœufs de mérite pour le trait et pour l'engraissement, des vaches laitières en abondance, de bons chevaux de trait et d'excellents chevaux légers, le limousin ; enfin, dans quelques-uns de ces départements, l'élève du mouton est l'instrument le plus actif du progrès agricole : c'est là que s'est établie la race de la charmoise, si précieuse pour l'engraissement, même dans les pays secs du Sud-Est. Il y a aussi du gibier de toute espèce, et des étangs qui donnent lieu à un commerce important de poissons.

Les récoltes principales sont la châtaigne, le chanvre,

les céréales, un vin médiocre, les betteraves et autres racines tuberculeuses, qui y réussissent bien. On y trouve des truffes, dont on fait un commerce très-considérable, et qu'on découvre à l'aide du chien de chasse; ce qui a donné lieu de dire à M. de Lavergne que la truffe est, dans ce pays, le gibier végétal des braconniers.

AGENTS DE LA VÉGÉTATION

Les agents de la végétation sont : la terre, l'eau, le calorique, la lumière, l'air et les gaz répandus dans l'atmosphère.

TERRE

Le globe que nous habitons est composé de mers, de plaines, de montagnes, et sa partie solide se subdivise en forêts, terres arables et déserts stériles.

Terrains agricoles

Les terrains arables, ou susceptibles de culture, sont formés des débris des roches qui constituent la masse du globe, mêlés aux détritus qui proviennent successivement de la pourriture des matières végétales et animales, lesquelles constituent l'humus. Ces matériaux, réunis en diverses proportions selon les circonstances, ont donné lieu aux différentes natures de terres cultivables.

Les trois principales sont : les calcaires, les argileuses, les sablonneuses ou siliceuses.

Terres calcaires. — Les terres calcaires, ordinairement blanchâtres, sont celles qui contiennent plus ou moins de carbonate de chaux, mais toujours en abondance. Leur fertilité dépend de leur composition : quand les matières calcaires sont en trop grande proportion, les terres sont infertiles, et même elles deviennent tout à fait impropres à la culture si le calcaire est en trop grand excès, parce qu'alors il corrode et brûle les plantes.

La plus grande partie des terrains méridionaux contiennent du calcaire, mais leur mélange avec des terres argileuses, les labours profonds, la marne grasse, le fumier gras et froid, modifient avantageusement les qualités du carbonate de chaux et amendent prodigieusement ces terrains.

Les terrains calcaires se dessèchent facilement et deviennent très-durs après la pluie, sous l'influence des vents ; les fumiers s'y décomposent facilement ; l'air et l'eau les pénètrent avec facilité, ce qui les rend propres à la plus grande partie des cultures. Ils sont surtout très-propices à celles de la vigne, du sainfoin, de la luzerne, etc.

Le carbonate de chaux, ou pierre à chaux, pierre à bâtir, est un composé d'acide carbonique et de chaux. En versant de l'acide sulfurique ou tout autre acide, même du vinaigre, sur de la terre calcaire ainsi que sur le carbonate de chaux, il se déclare un bouillonnement produit par l'évaporation de l'acide carbonique, qui abandonne la chaux sous l'influence de l'acide employé. Si l'on désire connaître la quantité précise de carbonate de chaux que contient une terre calcaire ou une marne, on n'a qu'à peser une quantité donnée de l'une ou de l'autre de ces matières

(200 grammes), que l'on délaye dans un pot avec de l'eau, et sur laquelle on verse quelques gouttes d'acide sulfurique et de préférence d'acide nitrique (eau-forte); on remue le tout avec un morceau de bois, et il y a immédiatement effervescence, produite par le dégagement de l'acide carbonique, qui a formé avec l'acide nitrique un nitrate de chaux, ou un sulfate de chaux avec l'acide sulfurique, lequel reste en suspension dans l'eau, et dont on débarrasse la matière au moyen de quelques lavages. Il ne reste plus au fond du pot que les matières terreuses, silice et argile, qu'on fait sécher et qu'on pèse ensuite; le poids qui manque aux 200 grammes représente l'acide carbonique dégagé et la chaux qui a été dissoute par l'eau-forte.

On emploie avantageusement le carbonate de chaux, ainsi que la marne, qui en contient beaucoup, sur les terrains éminemment argileux, pour en diviser les molécules et pour les rendre plus fertiles.

La chaux et la marne sont aussi employés très-efficacement dans les terrains récemment défoncés et contenant beaucoup de parties ligneuses, que le calcaire corrode et décompose promptement pour le faire passer à l'état de terreau.

Terres argileuses. — Elles sont compactes et ne produisent pas effervescence avec les acides; elles sont douces au toucher, s'attachent promptement à la langue quand elles sont sèches; elles forment une pâte onctueuse qui prend avec facilité toute sorte de formes. Lorsqu'on les pétrit à l'état humide, elles deviennent très-dures et se crevassent par l'effet des chaleurs, bien qu'elles retiennent fortement l'humidité qu'elles contiennent.

La terre argileuse est un composé d'alumine et de silice; suivant la proportion plus ou moins grande de ce dernier élément, elle est d'une couleur plus ou moins blanchâtre, et elle prend le nom de terre froide, de terre glaise et d'argile grasse ou même de terre à poterie, lorsque l'alumine est en forte proportion. Les chimistes désignent le composé qui forme cette espèce de terre sous le nom de silicate d'aluminium.

Les terrains argileux sont très-difficiles à cultiver.

On modifie leur nature ferme en les mélangeant avec du sable, des terres calcaires, des marnes, des cendres de fourneau, de la chaux et même avec du gravier, s'il y en a à proximité. Les fumiers chauds et pailleux leur conviennent particulièrement. On doit aussi les labourer profondément avant et pendant les gelées, qui ont la faculté de les assouplir; il convient aussi de les biner souvent, et de passer énergiquement le scarificateur.

Si dans les terrains calcaires la plus grande partie des cultures sont profitables, il n'en est pas de même des terrains argileux; toutefois le froment y prospère mieux que dans les autres natures de terre; l'avoine, le trèfle rouge et les vesces y donnent aussi de bons produits. Les terres argileuses sont donc propres à peu de cultures, mais celles qui y viennent donnent des résulats supérieurs à ceux des terrains calcaires et sablonneux. L'argile pure est impropre à la culture.

Les terrains sablonneux ou siliceux se distinguent facilement des précédents en ce que leurs molécules sont graveleuses, rudes au toucher, ne se lient pas entre elles, et se précipitent promptement au fond de l'eau.

La silice est un composé d'oxygène et de silicium. Elle est insoluble dans l'eau ; l'acide phosphorique seul la décompose. Elle est très-répandue dans le sol ; les pierres à fusil ou silex sont de la silice pure, ainsi que les cailloux qui font feu sous les pieds des chevaux.

Cette qualité de terrain est la plus mauvaise des trois que nous venons de décrire : l'eau s'infiltre dans le sous-sol et s'évapore promptement ; elle est d'autant plus sujette à la sécheresse que les molécules de ce sol ont la propriété de s'échauffer rapidement et de conserver leur calorique ; aussi les racines des plantes ont par ce fait peu de prise, peu de nourriture, à moins qu'elles ne s'enfoncent assez pour aller jusqu'à la partie humide. Les vents impétueux soulèvent cette terre et déchaussent les plantes ; en outre, la pluie lave le sol et fait pénétrer les engrais à des profondeurs où les racines n'arrivent que très-rarement.

Pour obvier à cet inconvénient, mieux vaut faire des labours profonds, où l'humidité ira se loger pour les besoins de l'été, que de faire des labours répétés, qui mettent ces terres à la merci des orages. Il convient donc de fumer peu souvent, d'employer des fumiers gras et froids, et d'amender ou modifier la nature des terres sablonneuses avec de l'argile. Labourer les sols très-sablonneux pendant qu'ils sont humides est aussi un bon moyen pour en rapprocher et lier les molécules.

C'est par le mélange de ces trois genres de terres que se forment les terres arables propres à toutes les cultures, et qu'on peut diviser en terrains légers, terrains de moyenne consistance et terrains forts. Leur fertilité relative est néanmoins basée principalement sur la plus ou moins grande

quantité d'humus, ou débris animaux, végétaux et minéraux, qu'elles possèdent.

L'humus constitue la majeure partie de la fertilité des
terrains agricoles, et les engrais contiennent en général des
matières organiques et des matières inorganiques ; on désigne sous le nom d'organiques celles qui appartiennent aux
règnes animal et végétal, c'est-à-dire aux corps qui sont
doués d'organes, et sous celui d'inorganiques celles qui font
partie du règne minéral, qui n'a pas d'organes.

L'humus est l'extrait, la partie soluble et assimilable
du terreau ou des débris animaux et végétaux, décomposés
et mêlés aux principes minéraux. Sa couleur est foncée,
noirâtre. L'humus est très-apparent dans certains terrains
argileux, dont l'humidité et le rapprochement des molécules
empêchent l'air d'aider à sa décomposition ; tandis que,
dans les terrains calcaires, le carbonate de chaux, qui est
corrosif, le brûle et le consume au fur et à mesure qu'il se
produit. Aussi l'effet que produit l'humus sur les terres
fortes est-il très-lent, soutenu, tandis que dans les terres
légères l'effet est immédiat ; par ces mêmes causes, les terrains sablonneux et calcaires sont plutôt épuisés que les
argileux.

Dans les contrées méridionales, on applique impropre-
ment le nom d'humus aux débris de bois et de feuilles de
saule qui se trouvent dans les troncs creux de ces arbres,
ainsi qu'aux détritus de feuilles et de débris végétaux.

Nous avons dit que l'humus, ou la base de la fertilité du
sol, est plus durable dans les terres compactes ; mais il faut
faire observer que, si les débris organiques qui constituent

en grande partie l'humus se trouvent en abondance dans un sol constamment humide, et tellement compacte que l'air ne le pénètre pas, cet humus passe à l'état d'*acide* et même de *tannin*, suivant la nature des plantes qui ont fourni la majeure partie des débris végétaux, le chêne surtout; alors ces sortes de terrains sont improductifs et, pour détruire les qualités acides et acerbes de ce sol neuf, on ajoute sur le défoncement qui en est fait des amendements caustiques, rongeurs, neutralisants, tels que la chaux, les cendres, le noir animal, et ensuite de bon fumier.

Il arrive aussi que par le même fait d'humidité permanente ou de submersion, les parties végétales très-rapprochées passent à l'état de tourbe. On appelle *tourbe* un amas de racines et de débris végétaux qui auraient été transformés en humus si l'air avait pu les pénétrer et les user plus profondément. Il est des tourbes composées d'une quantité si grande de racines et de plantes aquatiques, que, soulevées et séchées, elles brûlent comme des lignites (sorte de houille). La couleur de la tourbe est noirâtre, et sa masse est tellement compacte, qu'elle résonne sous les pieds comme si c'était un corps creux. Les sols où la tourbe domine sont à peu près impropres à la végétation : suivant la quantité de débris marécageux qu'ils contiennent, ils ne produisent que des plantes grossières ou des joncs.

Pour rendre ces terrains propres à la culture, on les défonce, on les expose à l'air, on les mêle à la chaux surtout, qui est l'alcali le plus corrosif qu'on puisse employer en agriculture; parfois on écobue quelques centimètres de la surface de ces terrains, c'est-à-dire qu'après avoir enlevé le gazon on le met en petits tas, qu'on brûle ensuite après l'avoir fait sécher, et on en répand les cendres sur le sol. On emploie aussi la tourbe utilement en la divisant par petits morceaux, en l'exposant à l'air et à la gelée, et en la mêlant ensuite aux cendres de fourneau ou de lessive, ainsi qu'à quelques parcelles de fumier, pour former un compost qu'on réduit à l'état de terreau pour les prairies.

Le terreau est une substance brune, noirâtre et parfois tirant sur le jaune, suivant la proportion des parties minérales qu'il contient et la nature du sol; il est formé de matières végétales et animales modifiées, et passées à l'état de fermentation par l'action de l'humidité de l'atmosphère et des corps oxygénés avec lesquels elles se trouvent en contact. Le terreau est très-fertile; c'est le meilleur ameublissement des sols compactes. Cependant, employé seul, il est trop léger; il présente les inconvénients des corps friables et trop faciles à se dessécher, comme le font quelques natures de terrains caillouteux.

Terrains caillouteux et autres de nature analogue. — **M.** de Gasparin appelle : 1° *terres rocheuses,* celles à la surface et dans le sein desquelles on trouve des blocs ayant plus de $0^m,20$ de diamètre; 2° *terres caillouteuses,* celles qui contiennent des fragments de pierre de $0^m,01$ à $0^m,02$ de diamètre; 3° *terres granuleuses,* celles qui sont remplies de particules de $0^m,002$ à $0^m,010$ de diamètre; 4° *terres sablonneuses,* celles dont les particules les plus grosses on un demi-millimètre à $0^m,002$ de diamètre. Toutes ces terres sont chaudes en été, se dessèchent très-facilement, et dans les trois premières variétés les arbres, arbustes et plantes trouvent moyen de vivre par leurs racines vivaces et longues; ces natures de sol sont susceptibles d'être améliorées, notamment les trois dernières espèces, quand elles reposent sur un sous-sol de nature compacte.

Le *sous-sol* est la couche qui se trouve au-dessous de la terre franche; il est souvent imperméable dans les contrées méridionales. On rencontre notamment des couches inférieures argileuses ou calcaires, plus ou moins profondes; d'autres caillouteuses, appelées pouddingues, ou composées d'une substance blanchâtre, tenant à la fois de la terre et de la pierre, et nommée tuf. Les dunes ou collines de sable susceptibles d'être transportées par les vents ont aussi quelquefois des sous-sols imperméables. Celles des landes, près de Bordeaux, ont une couche profonde et d'une nature particulière, appelée allios.

Le sous-sol de même nature que le sol serait en général nuisible, tandis qu'il est avantageux qu'il soit de nature différente. Si un sol argileux reposait sur un sous-sol compacte, l'humidité s'y maintiendrait constante, et les molécules seraient tellement comprimées que la végétation serait impossible à la grande majorité des cultures profitables; d'un autre côté, sur un sol sablonneux qui aurait sa couche inférieure de même nature, les qualités absorbantes, perméables, feraient que les parties fécondantes des engrais s'infiltreraient trop rapidement dans le sous-sol, et les produits seraient chétifs.

Les sous-sols de nature différente de celle du sol sont bien souvent favorables à la végétation, mais à la condition qu'en en faisant le mélange on les fume fortement;

un terrain léger qui a un sous-sol compacte peut être modifié par un labour profond et un mélange convenable de ces deux natures de terre; il en est de même d'un sur-sol argileux qui aurait un sous-sol sablonneux.

Les meilleures conditions sont celles d'une couche végétale qui soit assez profonde pour que l'humidité surabondante pénètre au-dessous des racines des plantes, mais qui ne le soit pas trop, afin que l'humidité puisse remonter par capillarité.

De quelque nature que soit du reste un sous-sol, il est amélioré par son contact avec l'atmosphère, au moyen des défrichements.

Pour opérer le mélange du sur-sol avec une partie plus ou moins forte du sous-sol suivant l'état de ces natures de terre, il convient de passer deux charrues Dombasle l'une après l'autre, ou une charrue à défoncement après une Dombasle à deux chevaux; quand on n'a pas à sa disposition le fumier nécessaire pour rendre fertile la couche inférieure soulevée, on passe dans ce cas, après une Dombasle, une charrue sous-sol, dite fouilleuse; ce sous-sol remué se bonifie ensuite par les principes fertilisants de l'air qui traverse le sol.

PROCÉDÉ POUR RECONNAÎTRE LES QUALITÉS DU SOL

Analyse de l'humus. — Le mode le plus simple pour reconnaître la plus ou moins grande quantité d'humus que contient une terre, c'est de prendre des parcelles de terre, de les peser, de les faire brûler sur une pelle, de les mettre en poudre et de les laver ensuite à plusieurs eaux. Celles qui ont fait le plus fort déchet sont celles qui contiennent le plus de parties fertilisantes. On peut faire au besoin des essais comparatifs en brûlant des terres dont la qualité et la fertilité sont reconnus.

Pour reconnaître le plus ou le moins de tenacité et de bonne composition d'un sol, d'une manière approximative, sans recourir aux moyens chimiques, on prend à diverses profondeurs du sol une poignée de terre, qu'on humecte et qu'on pétrit dans les mains; on en forme des cônes qu'on fait sécher au soleil ou près du feu. Les cônes qui ne peuvent se soutenir et qui se réduisent en poudre décèlent une espèce de terre qui réclame le mélange d'une certaine quantité d'argile; ceux qui se mettent en poudre par la simple pression de la main dénotent un sol de bonne consistance, et ceux qui résistent à la pression du doigt annoncent une terre trop compacte, réclamant un mélange de terre souple ou sablonneuse. Au reste, pour rendre les terres productives, il faut des labours convenables et du fumier.

EAU

L'eau est un composé de deux gaz : l'oxygène et l'hydrogène ; c'est l'élément le plus indispensable à la végétation. La chaleur la dilate à l'état de vapeur et, sous cette forme, l'eau reste suspendue dans l'air.

La pluie a lieu par la condensation des nuages, sous l'action des vents ou de l'abaissement de la température, ce qui amène la formation de goutelettes qui, ne pouvant plus rester suspendues, tombent plus ou moins vite, en s'agglomérant les unes aux autres.

Les brouillards sont occasionnés par un concours de de circonstances favorables au soulèvement d'une grande quantité de particules aqueuses, qui se vaporisent rapidement tout en restant dans les couches inférieures de l'atmosphère, dont ils troublent la transparence. Les brouillards sont très-fréquents dans les lieux bas et humides, marécageux ou sillonnés de cours d'eau.

L'humidité des brouillards contribue à la naissance et à l'accroissement des mousses (famille des cryptogames), qui se déclarent sur l'écorce des arbres, dont elles diminuent la vigueur en empêchant les fonctions essentielles de l'épiderme. On remédie à cette sorte de paralysie de l'écorce procurée par les mousses en lavant les troncs avec de l'eau de chaux très-chargée; tous les cryptogames redoutent les qualités absorbantes des alcalis.

Les brouillards sont surtout désastreux quand, à l'approche des moissons, ils séjournent dans l'atmosphère après le lever du soleil; leur humidité pénétrante imbibe les épis et ramollit assez les enveloppes des grains (balles de blé) pour que l'action des rayons solaires sur ces corps en moiteur leur enlève une partie plus ou moins grande de sucs nourriciers, soit en les desséchant trop promptement, soit par une action chimique peu connue encore. On évite une partie des désastres occasionnés par ces absorptions au moyen du cordage des céréales, opération qui se pratique en secouant énergiquement les champs de blé avec une corde tendue, que deux hommes tiennent par les bouts à 10^m ou 20^m de distance, suivant leur force.

Neige. — La neige est formée par un refroidissement dans l'atmosphère assez subit pour ne pas donner le temps aux vapeurs de se réunir en gouttelettes. Quand la neige reste longtemps sur la terre, elle préserve les plantes des gelées rigoureuses, et fait périr les insectes nuisibles en même temps qu'elle empêche, au profit des plantes, l'évaporation des gaz nutritifs qui se trouvent dans le sol.

Quand les vapeurs ont le temps de se réunir en gouttes acqueuses et qu'elles trouvent un courant d'air très-froid, elles tombent à l'état de *grêle*.

La *rosée* est cette réunion de petites gouttes aqueuses qui se fixent le matin sur les plantes avant le lever du soleil; elle est produite par deux causes : le refroidissement de l'air, d'une part, et, de l'autre, l'exsudation des plantes. La première cause a son principe dans ce fait, que l'air se refroidit plus rapidement que la terre; et, comme pendant la nuit celle-ci laisse échapper de son sein une partie de la chaleur qu'elle a reçue pendant le jour, et avec elle des vapeurs aqueuses, celles-ci, arrivant dans un air plus froid, se condensent et produisent l'humidité qu'on nomme *serein*, laquelle se dépose sur les plantes, dont la température est toujours inférieure à celle de l'air. Le maximum de ces effets a lieu au lever du soleil. La rosée est produite aussi par la transpiration des parties foliacées des plantes, sur lesquelles elle se ramasse parfois en grande quantité. L'eau qui constitue la rosée contient beaucoup d'air et elle favorise puissamment la végétation, sauf toutefois quand elle est surprise sur les plantes par un soleil ardent.

Gelées blanches. — Quand le refroidissement de l'air, de la terre et des plantes pendant la nuit, et surtout avant l'aurore, est trop fort, la rosée se prend en petits glaçons très-menus et très-rapprochés les uns des autres, et forme alors se qu'on nomme les gelées blanches.

Les gelées blanches sont surtout pernicieuses quand, avec un temps calme, les rayons solaires les absorbent sur des plantes en végétation.

Gelée. — Par un froid très-vif, l'eau se solidifie et se présente sous une forme de glace ; pour passer à cet état, l'eau augmente de volume, ce qui explique le soulèvement des terres pendant la gelée et leur abaissement après le dégel. L'eau à l'état de glace exerce, du centre à la circonférence d'un bloc de terre, une pression latérale qui en sépare les particules ; c'est par suite de cet effet que les gelées divisent, émiettent et assouplissent le sol beaucoup mieux que n'importe quelle façon de la main de l'homme.

CALORIQUE

Le *calorique*, ou principe de la chaleur, est l'agent qui liquéfie les substances solides, qui vaporise les liquides et qui entretient la vie des animaux et des plantes. Le calorique, en pénétrant les corps, tend à les dilater, et, sous ce rapport, il augmente la faculté d'absorption des terres.

On apprécie la quantité de calorique au moyen du thermomètre, instrument dont la fonction est basée sur la différence de dilatation qu'éprouvent divers corps par l'effet de la chaleur. (*Voyez* p. 56 et suiv.)

LUMIÈRE

On donne le nom de *lumière* à cette clarté qui nous vient naturellement du soleil et des étoiles, et artificiellement des corps en combustion. La lumière active essentiellement les fonctions vitales des plantes : sans lumière, les végétaux, placés dans des conditions humides et chaudes, poussent rapidement, mais sans force ; ils s'étiolent, à l'exception des truffes, champignons et autres cryptogames, qui naissent et croissent sans le secours de ce grand principe d'organisation. Elle contribue, concurremment avec le calorique, à faire mûrir les fruits et à les rendre plus savoureux.

AIR

Les plantes vivent dans la terre et dans l'air, qui est aussi indispensable à la vie des animaux qu'à celle des plantes. L'air atmosphérique est un composé d'oxygène et d'azote, et contient toujours quelques parties d'acide carbonique et d'ammoniaque. 100 litres d'air pur contiennent 22 litres d'oxygène et 78 litres d'azote ; l'acide carbonique et l'ammoniaque y sont contenus en moyenne dans le rapport de 2 à 4 pour 1,000 litres d'air.

L'*oxygène* est un gaz simple, c'est-à-dire indécomposable comme corps ; par sa combinaison avec le carbone, il forme l'acide carbonique, et avec l'hydrogène il produit l'eau. C'est l'oxygène qui, s'attachant aux métaux, les oxyde ou les rouille, et qui est le générateur principal des acides ainsi que l'agent le plus puissant de la décomposition des engrais. Il est indispensable à la germination des plantes, qui l'absorbent notamment pendant la nuit et le restituent à l'atmosphère sous l'influence du soleil. C'est à l'oxygène qu'on attribue la coloration des plantes.

L'*hydrogène* est un corps simple, gazeux, impropre à la respiration, fétide, asphyxiant. Sa légèreté extraordinaire le fait tendre toujours à monter dans l'atmosphère. Il sert à élever les ballons. Il a été appelé pendant longtemps air inflammable ; il forme le gaz d'éclairage et produit, d'après quelques physiciens, les météores lumineux, les étoiles filantes et même la foudre.

L'*azote* est aussi un corps simple, gazeux ; à l'état pur, il est inerte pour les animaux et pour les plantes. Il tempère l'action de l'oxygène, qui serait trop vive ; il éteint les corps qui brûlent, tandis que l'oxygène les fait brûler plus vivement.

L'*acide carbonique* est produit par la calcination de la chaux, par la combustion de toutes les matières et par la respiration des animaux, ainsi que par une masse de substances organiques en décomposition. Il est incolore, d'une odeur piquante ; il éteint les lampes et les combustibles allumés. C'est un des gaz les plus essentiels à la vie des plantes, mais il devient asphyxiant à forte dose, soit pour les hommes, soit pour les animaux. Il est absorbé pendant le jour par les parties vertes des plantes, notamment sous l'influence des rayons solaires. Combiné avec la chaux, il produit un des meilleurs amendements stimulants pour la végétation (le carbonate de chaux).

L'ammoniaque (combinaison d'hydrogène et d'azote) provient des matières animales et végétales qui se décomposent sans cesse sur toute la surface du globe. Il a une odeur très-piquante, qui irrite les yeux et la gorge. C'est ce gaz qui cède l'azote aux plantes. L'ammoniaque se combine avec d'autres substances, et s'unit facilement aux divers acides. Le sulfate de chaux (plâtre), mêlé aux fumiers en fermentation, se décompose en abandonnant son acide sulfurique, qui vient former un sulfate d'ammoniaque très-fertilisant, tandis que la chaux abandonnée par l'acide sulfurique se combine ensuite avec l'acide carbonique de l'air, pour former un carbonate de chaux. Le sulfate d'ammoniaque est d'autant plus utile à la végétation, qu'il ne cède aux plantes ses principes fertilisants que peu à peu, parce qu'il se dissout lentement.

L'ammoniaque est produit notamment dans les citernes à urines, dans les tas de fumier et dans les bergeries mal tenues : il est d'autant plus utile à la végétation que c'est par son action que se forment en grande partie les substances organiques les plus indispensables à la nourriture de l'homme, telles que le gluten, l'albumine, la fibrine.

Ces quatre corps simples (l'oxygène, l'hydrogène, l'azote et le carbone) constituent à eux seuls, par leur combinaison, tous les éléments vitaux des plantes et des animaux. L'air à lui seul entretient la vie de tous les corps organisés ; mais, en revanche, c'est lui aussi qui, par son élément le plus vital, l'oxygène, fait passer à l'état d'acide, de fermentation et de gaz, toutes les parties de ces mêmes corps qui, par leur décomposition, vont donner la vie à d'autres, pour soutenir ainsi cet équilibre et cette reproduction incessante de tous les êtres qui décèle partout la main toute-puissante du Créateur.

Vents. — L'air échauffé, a dit **M**. de Gasparin, ne cesse de s'élever pour faire place à l'air plus froid, qui se meut pour le remplacer, ce qui produit les vents humides ou secs, suivant les localités et les latitudes qu'ils parcourent. Dans le midi de la France, le vent du nord est généralement sec et froid ; celui du midi, chaud et humide. Les vents agissent comme force physique mesurée par la vitesse multipliée par leur masse ; ils agissent aussi par leur température propre et par le transport d'une certaine dose d'humidité, prenant ou donnant ainsi aux corps qu'ils rencontrent ou de la chaleur ou de l'humidité, pour se mettre en équilibre avec eux.

Les vents modérés sont utiles à la végétation en agitant les plantes et en fortifiant ainsi leurs fibres, mais ils nuisent en transportant les semences ailées des plantes et deviennent alors aussi désastreux que les vents trop forts.

On appelle vent d'est celui qui vient du point où le soleil se lève ; vent d'ouest, celui qui vient du point où le soleil disparaît pour nous le soir ; vent du sud ou du midi, celui qui part de la direction dans laquelle le soleil nous éclaire à midi ; vent du nord, celui qui arrive du point opposé au midi.

Il y a beaucoup d'autres vents, qui soufflent entre les

quatre points cardinaux ci-dessus ; les principaux sont :
le sud-est et le sud-ouest, le nord-est et le nord-ouest. Le
vent du nord est sec, froid, et est l'annonce du beau
temps ; le vent du sud et celui du nord-ouest nous amènent
parfois la pluie ; le vent du sud-est est chaud habituellement
en Provence ; le vent de l'est est froid, parce qu'il passe
sur la neige des Alpes. En Lombardie, les vents d'ouest
sont aussi très-froids.

DE LA MÉTÉOROLOGIE

—

La *météorologie* est la science des variations, des changements et des phénomènes qui arrivent dans l'atmosphère ;
les pronostics font prévoir les mêmes événements avant
leur arrivée.

La météorologie était bien plus cultivée autrefois qu'aujourd'hui ; les physiciens et les astronomes s'en occupaient
sérieusement, dans l'espoir de trouver des lois qui pussent
donner les moyens de prédire les changements de l'atmosphère, ce qui influerait puissamment sur les résultats des
récoltes et sur la santé des hommes ; mais, après des siècles
d'observations infructueuses, ils ont désespéré de trouver
les lois de ces changements, et ils ont cessé de les rechercher : ils se contentent aujourd'hui d'enregistrer les faits.

Cependant, comme tout s'enchaîne avec ordre dans la
nature, qu'il n'y a pas d'effet sans cause, et que la cause

précède toujours l'effet, l'agriculteur ne doit pas se lasser d'enregistrer les phénomènes journaliers de l'atmosphère, et, s'il ne peut découvrir les moyens, de prédire les changements. Il pourra, à l'aide de ses notes météorologiques et des pronostics, connaître les causes qui ont rendu le résultat d'une récolte plus mauvaise ou meilleure; il pourra aussi retarder ou avancer les semailles, suivant ses données antérieures.

L'agriculteur attentif doit aussi ne pas négliger les impressions qu'éprouvent les animaux à la veille d'un événement notable dans l'atmosphère. En général, les animaux livrés à eux-mêmes ressentent et distinguent mieux que l'homme la plupart des événements météorologiques, et on doit espérer qu'au moyen de toutes ces ressources on arrivera à modifier, sinon à éviter, les dangers incessants auxquels sont exposés les animaux et les récoltes. Pour aider ses recherches, l'homme possède plusieurs instruments qui lui servent pour prévoir les orages, la pluie, le froid, la chaleur et les vents; les principaux sont : le thermomètre, le baromètre, l'hygromètre, l'anémomètre et la girouette. Il y a d'autres instruments qui donnent des indications assez exactes, mais qui sont plutôt du ressort de l'agronome que de l'agriculteur; ce sont : l'udomètre ou pluviomètre et l'atmidomètre.

DU THERMOMÈTRE

Le *thermomètre* est un instrument de physique propre à mesurer le degré de chaleur à l'endroit où il est placé Le terme 0 indique le degré où l'eau commence à geler

et où la glace commence à fondre ; c'est de ce terme
que l'on part pour compter les degrés de froid en des-
cendant, et les degrés de chaleur en montant.

Il y a des thermomètres à l'esprit-de-vin et au mercure.
Ceux au mercure sont préférés pour les exériences rigoureuses. On s'est servi de ces deux substances parce
qu'elles ne gèlent qu'à un froid extraordinaire. La chaleur
dilate et fait remonter l'alcool et le mercure avec la même
précision que le froid les condense et les fait baisser. C'est
par ces impressions qu'ils marquent les différents degrés
de température du lieu où le thermomètre est placé.
L'alcool est de l'eau-de-vie rectifiée, et est un cinquième
plus léger que l'eau ; le mercure est une substance métal-
lique qui est quatorze fois plus lourde que l'eau.

Le thermomètre est de la plus grande utilité pour les
serres, pour les jardiniers, pour les éleveurs de vers à soie,
pour les agriculteurs : sur ses données, ils peuvent couvrir
ou alléger à temps les produits qui craignent le froid et
les variations brusques de l'atmosphère.

Il y a aussi des thermomètres *à minimà* et des thermomètres *à maximà*. Ceux *à minimà* marquent le degré le
plus bas auquel est descendu le froid pendant la nuit ou
pendant le jour, au moyen d'un petit cylindre ou flotteur
blanc placé dans l'alcool, qui est habituellement coloré en
rouge pour qu'il soit plus apparent. Ces thermomètres sont
placés horizontalement ; à mesure que l'alcool se condense
et descend, il entraîne le flotteur avec lui, et, quand il
monte, il le laisse à la partie la plus basse. Après les vingt-
quatre heures passées, on fait monter le flotteur au degré
où se trouve l'alcool, en inclinant la partie supérieure du
minimà.

Le *maximâ* marque le degré le plus élevé auquel est parvenue la chaleur pendant la journée, au moyen d'un cylindre placé au-dessus du mercure. En se dilatant, le mercure le pousse au degré le plus élevé, et le laisse à cette même place en se condensant, c'est-à-dire en se retirant. On fait arriver le flotteur près du mercure en élevant la partie supérieure du *maximâ*.

Il y a aussi des thermomètres qui marquent la chaleur des fourneaux ; on les appelle *pyromètres*.

M. le comte de Gasparin observe que, pour déterminer la température d'un lieu au moment de l'observation, on se sert du thermomètre dont on connaît les propriétés. On devra toujours se pourvoir des meilleurs instruments sortis des ateliers des artistes les plus renommés ; néanmoins on devra les vérifier en les plongeant dans de l'eau où l'on aura mis à fondre une quantité suffisante de glace. Cette épreuve devra être répétée au moins tous les ans, car l'on sait que le zéro de l'échelle est sujet à se déplacer, par les changements moléculaires qui surviennent dans le verre du tube et de la boule, et il faut tenir compte de ces déplacements dans les observations. Si l'échelle thermométrique s'élève jusqu'au degré de l'eau bouillante, il faudra aussi vérifier le terme supérieur, et plonger la boule dans la vapeur de l'eau en ébullition.

Le thermomètre destiné à observer la température de l'atmosphère doit être placé à l'ombre, isolé autant que possible des objets environnants, préservé du rayonnement du sol par une planchette, et de celui du ciel par un petit toit.

Le minimum de la température a lieu ordinairement un peu avant le lever du soleil ; mais, comme on risquerait souvent de manquer l'observation à cause des affaires de la campagne, on pourra se servir d'un thermomètre *à minimà*, dont la marche aura été soigneusement comparée à celle du thermomètre à mercure bien vérifié.

On construit aussi des thermomètres *à maximà* qui peuvent suppléer à la présence de l'observateur vers deux heures et demie après midi, heure de la plus haute température atmosphérique. On ne l'emploiera aussi qu'après exacte vérification. En possession de ces deux instruments, on pourra régler les heures des observations ordinaires à neuf heures du matin, trois heures, neuf heures du soir, comme les heures les plus convenables pour embrasser les phénomènes météorologiques les plus importants.

Nous avons toujours ajouté à ces observations, dans un but d'utilité agricole, deux thermomètres *à minimà* et *à maximà* placés près du sol, et un autre dont la boule était recouverte d'un millimètre de sable blanc.

Le thermomètre *à minimà*, dans cette position, nous indique des températures minimes plus basses que celles du thermomètre placé dans l'air, et nous tient en éveil sur les risques de gelées blanches.

Le thermomètre *à maximà*, entouré des rayonnements calorifiques de la terre échauffée par le soleil, monte plus haut que le thermomètre placé dans l'air, et nous apprend les influences que les plantes reçoivent de la chaleur solaire.

Le thermomètre placé sous le sable témoigne de l'échauffement de la couche solaire du sol par les effets de soleil, et nous fait comprendre la différence qui existe entre les jours nébuleux et les jours clairs, comme entre les climats brumeux et ceux qui sont habituellement sereins.

DU BAROMÈTRE

Le baromètre est un instrument qui indique les variations qui surviennent dans la pesanteur de l'air atmosphérique; mais, vu les rapports qui existent entre les variations de cette pression et les autres circonstances atmosphériques, on considère le baromètre comme un indicateur du beau et du mauvais temps.

Le baromètre ressemble beaucoup par sa forme à un thermomètre; le contenu de la colonne, qui ne doit pas avoir moins de 6 millimètres de diamètre, pour que l'action de l'air soit plus forte, ne peut être qu'en mercure, et le bas de son tube est renflé en une boule ou en un tube plus grand appelé cuvette; cette cuvette est ouverte, pour que le poids de l'atmosphère puisse peser sur le mercure qu'elle contient.

Communément, lorsque le mercure baisse, à quelque hauteur qu'il soit, il annonce que le temps va passer dn beau au variable, du variable au mauvais, et, s'il est au mauvais, il le deviendra encore davantage; au contraire, s'il monte, le temps tournera au beau.

Voici, du reste, d'après le nouveau *Dictionnaire d'agriculture*, quelques règles sanctionnées par l'expérience pour l'usage du baromètre et pour les indications qu'on en peut retirer :

1° Le mercure qui monte et descend beaucoup annonce changement de temps. En général, les différentes inconstances du mercure dénotent les mêmes inconstances dans le temps.

2° La descente du mercure n'annonce pas toujours de la pluie, mais parfois du vent. Les vents, en rassemblant ou dissipant les vapeurs aqueuses et les nuages, augmentent ou diminuent la masse de l'atmosphère. Ils doivent donc, suivant leur nature, faire monter ou baisser le baromètre, et cet instrument indique autant la différence des vents que la pluie ou la sécheresse.

3° Le mercure descend plus ou moins suivant la nature des vents; le mercure baisse moins lorsque le vent est nord, nord-est ou est, que pendant tout autre vent. Les vents froids et ceux qui règnent dans la basse région, les seuls que nous puissions sentir, condensent l'air et le rendent plus propre à supporter les nuages. A l'égard des vents qui règnent dans les régions supérieures, ils ont un effet contraire, parce qu'ils font refluer les nuages vers la terre.

4° Lorsqu'il y a deux vents en même temps, l'un près de la terre et l'autre dans la région supérieure de l'atmosphère, si le vent le plus haut est nord, et que le vent bas soit sud, il survient quelquefois de la pluie, quoique le baromètre soit alors fort haut; si, au contraire, c'est le vent du sud qui est le plus élevé, et le vent du nord le plus bas, il ne pleuvra point, quoique le baromètre soit très-bas. Dans le premier cas, les nuages sont condensés, et l'atmosphère qui les soutient est raréfiée : l'équilibre est donc rompu, et l'air ne peut plus soutenir les nuages. Dans le second, les nuages sont raréfiés, et l'air qui les soutient est condensé; il soutiendra d'autant mieux les nuages.

5° Lorsque le mercure monte et continue à s'élever, après ou pendant une pluie abondante et longue, il y aura du beau temps.

6° Le mercure qui descend beaucoup, mais avec lenteur, indique continuation de temps mauvais ou inconstant; quand il monte beaucoup et lentement, il présage la continuation du beau temps. Dans ces deux cas, la condensation et la raréfaction des nuages, l'élévation des vapeurs, sont graduelles, uniformes et lentes, et l'atmosphère par conséquent ne s'allége ou ne se charge qu'au bout d'un long temps.

7° Le mercure qui monte beaucoup et avec promptitude annonce que le beau temps sera de courte durée; quand il descend beaucoup et promptement, c'est une indication pareille pour le mauvais temps. La raison contraire à la règle précédente donne l'explication de celle-ci.

8° Quand le mercure reste un peu de temps au variable, si le ciel n'est ni serein ni pluvieux, il ne fait ni beau ni mauvais; mais alors, pour peu que le mercure descende, il annonce de la pluie ou du vent; si, au contraire, il monte, ne fût-ce que de très-peu, on a lieu d'espérer du beau temps. Le conflit qui s'est opéré entre les nuages et l'air qui les soutient fait rester le mercure au variable; mais, quand il remonte ou descend, c'est qu'il s'est opéré des changements qui, s'ils ne sont pas trop considérables, doivent terminer le temps au beau ou au mauvais; car, s'ils étaient violents, ils ne dureraient pas. (Voyez les deux règles précédentes).

9° Dans un temps fort chaud, la descente du mercure prédit le tonnerre ; quand elle est considérable, et si elle est très-petite, il y a encore du beau temps à espérer.

Les grands changements qui s'opèrent par la condensation des nuages et l'allégement de l'atmosphère causent des agitations qui électrisent les nuages et enflamment les substances gazeuses qui se sont élevées, par la chaleur, à différentes distances ; de là le tonnerre et les météores ignés qui se rapportent à ce terrible phénomène. On ne doit pas être étonné que, dans les tremblements de terre, lorsque l'air est rempli d'exhalaison chaudes qui s'élèvent du sein des cavernes échauffées et des gouffres qui s'entr'ouvent et se crevassent, le baromètre descende au plus bas degré : l'air est alors très-raréfié, et, comme il ne soutient plus le nuages, il tombe souvent des pluies considérables, il se forme des vents, et des tempêtes violentes agitent et soulèvent les flots des fleuves et des mers voisines.

10° Quand le mercure monte en hiver, cela annonce de la gelée ; descend-il un peu sensiblement, il y aura un dégel ; monte-t-il encore lors de la gelée, il neigera. C'est ordinairement le vent du nord qui, dans l'hiver, fait monter le mercure : il y aura donc du froid, et par conséquent de la gelée. Le vent du sud, au contraire, le faisant descendre, amènera du dégel ; si les nuages se condensent et tombent durant la gelée, ils se résoudront en pluie, que le froid convertira en neige ; mais, comme nous l'avons déjà remarqué, ce mouvement des nuages fera hausser la colonne de mercure.

Telles sont en général les règles de conjectures sûres que

l'on a tirées des observations exactes de la marche du baromètre; tous les autres cas dépendent de ceux-ci, et peuvent y être facilement ramenés.

Pour tirer tout le parti d'un baromètre, de la bonté et de
la justesse duquel on est assuré, il faut qu'il soit suspendu
contre un mur solide, bien d'aplomb, perpendiculaire à
l'horizon, et d'une manière fixe; le moindre mouvement,
la moindre oscillation peuvent en altérer, jusqu'à un certain point, l'exactitude. Il faut encore, s'il se peut, l'expo-
ser dans un endroit dont la température soit celle de
l'amosphère, afin qu'il éprouve les mêmes altérations de
chaleur et de froid; car, s'il est renfermé dans un apparte-
ment très-chaud, par exemple, tandis que l'air sera très-
froid, la colonne de mercure, dilatée par la chaleur de
l'intérieur, sera nécessairement plus élevée qu'elle ne le
serait en plein air.

DE L'HYGROMÈTRE

L'*hygromètre* est un instrument qui sert à mesurer les
degrés de l'humidité de l'air. La pièce principale de cet
instrument est une substance très-impressionnable à l'humidité et à la sécheresse, capable de donner des marques
sensibles de ces deux actions. Ces substances sont principalement: les cheveux, les cordes de boyau, les crins, les
arêtes de l'avoine et des géraniums, etc., qui s'allongent
par l'effet de l'humidité de l'air et se raccourcissent par
celui de sa sécheresse: en se raccourcissant, elles font
monter ou tourner une aiguille dans un sens, et en s'al-

longeant, elles la font descendre ou tourner dans un sens opposé. On a divisé la distance qui existe entre le point de l'extrême sécheresse et celui de l'extrême humidité marqués par l'aiguille, en un certain nombre de degrés qui indiquent le plus ou moins d'humidité ou de sécheresse qu'il y a dans l'atmosphère ambiante. Expliquons l'usage de l'hygro mètre.

Puisque l'impression de l'humidité et de la sécheresse n'est pas assez sensible sur nous-même pour que ses différents degrés nous affectent d'une manière remarquable, et que, cependant, il est important pour la santé des plantes confiées à nos soins que nous connaissions le degré d'humidité qui règne et dans l'air libre et dans celui que renferment nos serres, un hygromètre nous est indispensable pour connaître ce degré d'humidité; car, si l'air est trop sec, les plantes fatiguent parce qu'elles transpirent trop, et, s'il est trop humide, elles souffrent parce qu'elles ne transpirent pas assez.

Quand l'hygromètre nous apprend que l'air est sec, nous n'avons pas à craindre que les plantes transpirent trop : alors nous devons porter notre attention sur les mouillures; nous devons seringuer les feuilles et les tiges, et répandre de l'eau autour des plantes pour produire une vapeur qui les enveloppe et dont elles absorbent une partie. Ce moyen de rafraîchir les plantes est praticable pour celles qui sont exposées à l'air libre aussi bien que pour celles qui restent dans les serres; ces dernières en ont besoin bien plus souvent que les autres, puisqu'elles ne peuvent profiter ni des pluies, ni des rosées, ni de tout ce qui peut rafraîchir l'air extérieur.

Si, au contraire, l'air est trop humide, nous n'avons

Cours d'agr. prat.

5

guère de moyens efficaces pour garantir les plantes exposées à l'air libre, surtout celles qui sont plantées en pleine terre; la diminution ou la suspension des mouillures est, à peu près, tout ce que nous pouvons faire en leur faveur : mais nous pouvons garantir celles des serres en faisant agir les ventilateurs et en y produisant une chaleur suffisante pour détruire la trop grande humidité.

En général, l'air, modérément humide, est favorable à la végétation de toutes les plantes ; mais, quand il est très-humide et sans chaleur, il peut devenir nuisible à celles qui ne sont pas aquatiques, s'il n'est pas souvent renouvelé. Dans les années humides, les bourgeons poussent toujours, s'aoûtent mal, faute d'évaporation suffisante, parce qu'ils conservent trop d'eau ; les fruits restent aqueux et sans saveur, par la même raison, et les boutons destinés à produire du fruit, l'année suivante, s'allongent la plupart en boutons à feuilles, de sorte qu'un automne humide expose les plantes de serre à souffrir de la moisissure pendant l'hiver et les arbres fruitiers à montrer peu de fleurs au printemps suivant.

DE L'ANÉMOMÈTRE.

L'*anémomètre* est, dans son acception rigoureuse, l'instrument qui mesure la force, la vitesse des vents ; on qualifie assez généralement d'anémomètre la girouette, qui indique la direction des vents.

La girouette est construite au moyen d'une tringle en fer placée verticalement, qui a à son extrémité supérieure une sorte de voile en tôle ou en fer-blanc, en forme de guidon, s'élevant au-dessus d'un bâtiment ou d'un pavillon, et à sa partie inférieure un indicateur horizontal fixé à la tige verticale : cette dernière repose sur un cercle sur lequel sont marqués les quatre points cardinaux et leurs subdivisions.

Les quatre points cardinaux sont : l'est, l'ouest, le sud et le nord, qui se subdivisent en divers autres dont les principaux sont : le sud-est, le sud-ouest, le nord-est et le nord-ouest.

Les mêmes vents n'indiquent pas toujours les mêmes résultats dans tous les pays ; la solitude du lieu, le voisinage des hautes montagnes, de la mer, de vastes plaines arides ou sablonneuses, produisent des résultats différents et souvent opposés à la direction des vents. Vous aurez occasion de faire ces remarques si vous voyagez dans des pays éloignés.

En France, le vent d'est ou du levant annonce le beau temps, le temps sec, parce que ce vent venant des grandes plaines de l'Asie, où il y a peu d'eau, n'a pu se charger de vapeurs, et qu'il arrive chez nous dans un état de grande sécheresse et souvent assez froid, parce qu'il n'est dilaté par aucune vapeur.

Le vent du sud ou du midi est toujours chaud, parce qu'il nous vient des régions continuellement échauffées par le soleil ; il est aussi souvent humide, parce que, passant au-dessus de la Méditerranée, il enlève des vapeurs qui se convertissent en pluie dans notre pays.

Le vent de l'ouest ou du couchant n'est ni chaud ni froid, mais il amène presque toujours des nuages et de l'eau, parce qu'il traverse l'Océan, où il se charge de vapeurs abondantes qui fondent en pluie en passant sur les terres. de France.

Le vent du nord est toujours froid, parce qu'il vient d'un pays continuellement glacé, et que les vapeurs qui peuvent s'élever dans ce pays, quand l'air se radoucit, sont promptement converties en neige.

Telles sont les règles générales déduites de la direction des vents en France; mais ces règles sont quelquefois mises en défaut par les perturbations qui arrivent dans l'atmosphère et dont les causes plus ou moins compliquées sont la plupart inconnues. Alors on a recours aux pronostics, qui sont, comme je vous l'ai dit en commençant, le résultat de nombreuses observations pour tâcher de découvrir les signes particuliers, simples ou compliqués, qui précèdent les changements qui se préparent dans l'atmosphère.

La connaissance de ces signes forme la science des pronostics. Nous en donnons plus loin quelques exemples.

UDOMÈTRE ET ATMIDOMÈTRE.

L'*udomètre* ou *pluviomètre* mesure la quantité d'eau pluviale tombée. On peut le construire à peu de frais au moyen d'un carré en zinc ou en tôle peinte, de 1^m ou $0^m,50$ de surface, au fond duquel est adapté un tuyau en plomb qui conduit l'eau de la pluie dans un récipient plus étroit, de $0^m,25$ au carré et même de $0^m,125$, pour apprécier plus facilement la quantité d'eau tombée par mètre carré, et surtout par hectare.

L'*atmidomètre* sert à apprécier la quantité d'eau éva·porée, absorbée par l'air et par le calorique. On le construit au moyen d'un bassin en maçonnerie entouré de tôle ou de zinc, passé en couleur, sur la hauteur duquel figure une échelle métrique divisée par millimètre, pour apprécier toutes les vingt-quatre heures la quantité d'eau évaporée.

PRONOSTICS

Pronostics tirés des corps terrestres.

Si la flamme de la lampe étincelle ou si elle forme un champignon, il y a grande probabilité de pluie.

Il en est de même lorsque la suie se détache et tombe des cheminées.

Si la braise paraît plus ardente qu'à l'ordinaire et si la flamme paraît plus agitée, c'est signe de vent.

Lorsque la flamme est droite et tranquille, c'est signe de beau temps.

Si l'on entend de loin le son des cloches, c'est un signe de vent ou de changement de temps.

Les bonnes ou les mauvaises odeurs condensées, c'est-à-dire plus fortes, sont un signe de pluie.

Si le sel, le marbre, le fer, les vitres deviennent humides; si les bois des portes et des fenêtres se gonflent; si les cors aux pieds deviennent douloureux, c'est signe de pluie ou de dégel.

Outre ces moyens de reconnaître d'avance les changements de temps qui doivent avoir lieu, par l'observation des phénomènes physiques, il y a trois instruments dont on fait un usage fréquent dans les villes, mais qu'on ne trouve pas aussi souvent qu'il serait bon chez les simples cultivateurs ; ces instruments sont le baromètre, le thermomètre et l'hygromètre. (*V.* ces trois articles, p. 56 à 66).

Pronostics tirés de l'atmosphère

Si les étoiles perdent de leur clarté sans qu'il paraisse des nuages dans le ciel, c'est un signe d'orage.

Si les étoiles paraissent plus grandes qu'à l'ordinaire, ou plus près les unes des autres, c'est un signe que le temps va changer.

Lorsqu'on voit des éclairs près de l'horizon sans aucun nuage, c'est un signe de beau temps et de chaleur.

Les tonnerres du soir amènent un orage, ceux du matin indiquent le vent, et ceux du midi la pluie.

Le tonnerre continuel annonce une bourrasque ou un très-fort orage.

L'arc-en-ciel coloré en double annonce une continuité de pluie.

Les couronnes blanchâtres qui se montrent autour du soleil, de la lune et des étoiles, sont un signe de pluie.

Lorsque la pluie fume en tombant, c'est signe qu'il pleuvra longtemps et abondamment.

Si après une petite pluie on aperçoit près de la terre un nuage ressemblant à de la fumée, c'est un signe qu'il tombera beaucoup de pluie.

Les nuages qui après la pluie descendent près de terre, et semblent rouler sur les champs, sont un signe de beau temps.

S'il survient un brouillard après le mauvais temps, cela en indique la cessation.

Mais, si le brouillard survient pendant le beau temps, et qu'il s'élève en laissant des nuages, le mauvais temps est immanquable.

S'il paraît des parhélies (deux soleils), cela annonce de la neige et du froid.

En hiver, les éclairs sont un signe de neige prochaine, de vent ou de tempête.

Les nuages divisés comme la laine des brebis sur leur dos (moutonnés) indiquent pendant l'été du vent, et pendant l'hiver de la neige.

Si l'horizon est dépourvu de nuages et qu'il ne souffle aucun vent, ou s'il souffle celui du nord, c'est un signe certain de beau temps.

Si, après le vent, il survient une gelée blanche qui se dissipe en brouillard, le temps devient mauvais et malsain.

Dans le climat de Paris, le vent du sud-est est celui qui amène le plus souvent la pluie, et le vent de l'est celui qui l'amène le plus rarement.

Lorsqu'au coucher du soleil les nuages se forment à l'ouest et se colorent, cela indique assez généralement vent et temps sec.

Le changement fréquent du vent est l'annonce d'une bourrasque.

La gelée qui commence par un vent nord-est dure long-temps et fait plus de mal.

Quand l'équinoxe du printemps n'est précédé ni suivi d'aucun orage, l'été suivant sera sec, au moins cinq fois sur six.

Si le 19, le 20 ou le 21 mai, il survient un orage de l'est, l'été suivant sera toujours sec.

Si l'orage a lieu le 26, le 27 ou le 29 mai, l'été sera sec au moins quatre fois sur cinq.

Si c'est du 19 au 22 mars, l'été sera humide cinq fois sur six.

Un automne humide et un hiver doux annoncent un printemps froid et sec, qui nuit à la végétation.

Si l'été est humide, on doit s'attendre à un hiver rigoureux.

Quand il pleut beaucoup en mai, il ne pleut que peu en septembre; au contraire, si le mois de mai est sec, le mois de septembre est humide.

Si les premiers jours de février ou de mars sont pluvieux, et que l'arc-en-ciel apparaisse souvent, le printemps sera pluvieux et l'été humide.

La pleine lune d'avril, la nouvelle et la pleine lune d'août sont ordinairement accompagnées de pluie.

Quand l'hiver est pluvieux, l'année est stérile; quand l'automne est rigoureux, l'hiver est venteux.

Une belle fin d'année, un printemps modérément chaud, sont l'indice d'une année fertile.

Quand il y a eu de grandes chaleurs pendant l'été, ou quand un brouillard sec a régné pendant cette saison, l'hiver est ordinairement rigoureux.

Quand l'été et l'automne sont chauds, et quand les grandes chaleurs se prolongent jusqu'en septembre, on peut compter sur un commencement d'hiver doux et sans gelées; mais la fin de cette saison et les premières semaines du printemps seront rigoureuses.

Pronostics tirés du baromètre

Quand le sommet de la colonne de mercure est convexe, c'est qu'il se dispose à monter : alors on doit espérer du beau temps; si, au contraire, il est concave, c'est que le mercure se dispose à descendre, et on doit craindre le mauvais temps.

Quand le mercure monte au-dessus du variable, qui est le terme moyen de la pesanteur de l'air, il annonce le sec, le beau temps; quand il descend au-dessous du terme variable, c'est un signe de pluie, de vent et de mauvais temps.

Plus le mercure monte, plus il promet de beau temps; plus il descend, plus on doit s'attendre à du mauvais temps, comme pluie, neige, grands vents, tempête.

Lorsqu'il y a en même temps deux vents, l'un près de terre et l'autre dans la région supérieure de l'atmosphère, si le vent le plus bas est nord, le plus élevé sud, il ne pleuvra pas, quoique le baromètre puisse être très-bas; mais, si le vent le plus élevé est nord et le plus bas sud, il pourra pleuvoir, quoique le baromètre puisse être alors très-haut.

Quand le mercure monte un peu après être resté quelque temps sans mouvement, on a lieu d'espérer du beau temps; mais, s'il descend, s'est un signe de pluie ou de vent.

Dans un temps fort chaud, l'abaissement du mercure

annonce le tonnerre; et, s'il descend beaucoup et avec rapidité, on doit craindre l'arrivée d'une tempête.

Quand le mercure monte en hiver, c'est signe de gelée; si ensuite il descend, on doit s'attendre à un dégel; mais, s'il monte encore pendant la gelée, on est sûr d'avoir de la neige.

Pour peu que le mercure monte et continue à monter pendant ou après une tempête ou une pluie longue et abondante, il y aura du calme ou du beau temps.

Toute variation brusque, rapide et considérable, indique un changement de courte durée.

Quand le mercure monte la nuit et non le jour, c'est un signe certain de beau temps.

Pronostics tirés en même temps du baromètre et du thermomètre

Si le thermomètre est fixe tandis que le baromètre baisse, c'est un présage de pluie; si le baromètre et le thermomètre baissent tous deux sensiblement, c'est un signe de grande pluie.

Si, au contraire, le baromètre et le thermomètre montent sensiblement, c'est l'annonce d'un temps sec et serein.

Pronostics tirés des plantes

Quand la fleur du *Calendula pluvialis* ne s'ouvre pas le matin, c'est signe qu'il pleuvra dans la journée; si, au contraire, elle s'ouvre, on doit croire qu'il ne pleuvra pas; mais elle ne garantit pas la pluie d'orage.

Il existe une petite plante de la Palestine, nommée rose de Jéricho, cultivée seulement dans les jardins botaniques, qui est éminemment hygrométrique. On la conserve sèche; ses rameaux s'étendent et s'éloignent par l'humidité, se contractent et se rapprochent par la sécheresse d'une manière très-remarquable. C'est un hygromètre naturel, servant à juger de l'état plus ou moins sec de l'atmosphère.

Pronostics de pluie

Il doit pleuvoir :

Quand, par un vent d'est, les étoiles semblent plus larges que de coutume;

Quand, bien que le ciel soit pur, elles perdent de leur clarté;

Quand, plus nombreuses qu'à l'ordinaire, elles scintillent avec vivacité;

Quand l'arc-en-ciel se montre au midi ou à l'ouest;

Quand il est double ou triple;

Quand surtout il paraît vert ou rouge;

Quand ce météore est interrompu;

Quand le soleil à son lever est rougeâtre et laisse apercevoir des raies noires;

Quand l'horizon du couchant est grisâtre;

Quand le matin l'horizon est rouge;

Quand le soleil semble se lever plus tôt qu'à l'ordinaire, avec un cercle foncé;

Quand il semble ovale à son lever et à son coucher;

Quand le ciel, pur et sans nuages, semble verdâtre au point du jour;

Quand, au moment du coucher ou du lever du soleil, ses rayons se brisent et se croisent en sens divers, bien que le soleil soit pur;

Quand la lune, par un vent du sud, ne se montre que vers minuit;

Quand elle paraît ovale et plus large qu'à l'ordinaire;

Quand elle est entourée d'une espèce d'arc-en-ciel ou d'un cercle de vapeurs qui prennent la forme de nuages noirâtres;

Quand les nuages amoncelés ressemblent à de hautes montagnes et à des groupes de rochers gigantesques;

Quand les nuages sont épars dans le ciel comme des flocons de laine;

Quand de petites nuées blanches, passant sous le soleil, deviennent rouges ou jaunes;

Quand les nuages viennent du midi et changent capricieusement de direction;

Quand l'air est plus transparent que de coutume;

Quand les gouttes de pluie ont une couleur blanchâtre et forment, en tombant dans l'eau, des bulles d'air;

Quand l'eau des marais et des étangs est plus chaude que de coutume, sans que ce changement de température puisse être attribué à l'atmosphère.

Les nuages nombreux, le soir, au nord-est, ou venant de l'est, noirs et épais, annoncent la pluie pour la nuit.

S'il viennent de l'ouest, il pleuvra le lendemain;

S'ils se montrent vers le milieu, au sud-ouest, la nuit sera orageuse ou pluvieuse.

Signes de pluie tirés des animaux

Il y a probabilité de pluie :

Quand les pinsons font entendre leur bruyant ramage avant le lever du soleil ;

Quand les chats se nettoient les oreilles en passant la patte par-dessus ;

Quand les corneilles se perchent sur la cime des arbres et le toit des maisons, cachent leur tête sous l'aile, plongent dans l'eau ou voltigent le bec ouvert, avec des marques d'inquiétude ;

Quand les crapauds et les grenouilles coassent le matin ;

Quand les taupes soulèvent la terre plus haut que de coutume ;

Quand les moucherons et les cousins, au coucher du soleil, bourdonnent dans l'ombre plus fort qu'à l'ordinaire ;

Quand les cochons jouent et répandent çà et là leur fourrage ;

Quand les bêtes à cornes lèvent la tête, aspirent l'air, passent la langue sur le museau et sur les pieds, mangent beaucoup, tournent la tête du côté du midi, se couchent sur le côté droit, et poussent de longs mugissements en revenant à l'étable ;

Quand le coq chante à une heure inaccoutumée ;

Quand les pigeons se baignent et tardent à rentrer au colombier ;

Quand les corbeaux et les corneilles, réunis de toutes parts, s'envolent en croassant et en battant des ailes ;

Quand les oiseaux, abandonnant la pâture, se dirigent vers leurs nids ;

Quand les vers, en grand nombre, sortent de terre ;

Quand les araignées se laissent tomber de leurs toiles ;

Quand les abeilles ne s'éloignent point de leurs ruches ;

Quand les fourmis travaillent avec activité ;

Quand les hirondelles volent bas pour prendre les insectes, et rasent la surface des eaux ;

Quand les ânes braient plus qu'à l'ordinaire, remuent les oreilles, redressent la queue et se roulent dans la poussière ;

Quand les pinsons se rapprochent des habitations ;

Quand les oies et les canards se jettent à l'eau, barbotent et battent des ailes en criant ;

Quand les mouches piquent plus que de coutume ;

Quand le coq chante vers dix ou onze heures du soir : la pluie aura de la durée si les vieux coqs ne rentrent pas au poulailler dès qu'elle commence ; dans le cas contraire, elle cessera bientôt ;

Quand les poissons bondissent dans l'eau et nagent à la surface ;

Quand les volailles se roulent dans la poussière, battent des ailes et se baignent plus qu'à l'ordinaire.

Signes de pluie tirés des plantes

Il doit encore pleuvoir :

Quand les chardons à carder, suspendus dans une chambre, se contractent et semblent être moins piquants ;

Quand le trèfle ferme ses feuilles et que sa tige se redresse plus que de coutume;

Quand le liseron des champs, le mouron sauvage, la morgeline des jardins, etc., resserrent leurs corolles.

Signes de beau temps tirés des animaux

Il y a apparence de beau temps :

Quand les grenouilles vertes sortent et font entendre leur coassement;

Quand les chauves-souris, en grand nombre, volent le soir;

Quand les moutons sont vifs, gais, et bondissent le soir en revenant à l'étable;

Quand les alouettes restent longtemps dans les airs en chantant;

Quand les vers luisants brillent la nuit avec plus d'éclat qu'à l'ordinaire;

Quand les pies jacassent le matin;

Quand les oiseaux d'eau abandonnent les rivages;

Quand, au matin, on voit flotter sur les rivières et les étangs de légères vapeurs, que les premiers rayons du soleil font disparaître;

Quand les abeilles rentrent tard dans leurs ruches;

Quand les hiboux et les chouettes se réunissent le soir et prennent leurs ébats aux dernières lueurs du soleil;

Quand les oiseaux crient la nuit et pendant la pluie;

Quand les araignées qui font des toiles circulaires se montrent en grand nombre, travaillant activement pendant la nuit;

Quand les araignées qui construisent leurs toiles dans les encoignures écartent bien les pattes en marchant ou quand elles font leurs œufs.

Pronostics de vent

Il doit faire du vent :

Quand le soleil se montre rougeâtre à son lever ;

Quand, à ce moment, il est pâle et qu'il devient ensuite rouge ;

Quand son disque apparaît plus large que de coutume ;

Quand il brille dans un ciel rouge au nord ;

Quand à l'horizon il est entouré de cercles rouges ;

Quand sa couleur semble du sang ou qu'il est pâle, avec des cercles foncés ou des raies rouges ;

Quand il paraît creux et rond ;

Quand la lune est très-large et rougeâtre ;

Quand les pointes de son croissant sont aiguës et noirâtres ;

Quand son disque est entouré d'un cercle transparent et rougeâtre ;

Quand ce cercle est double ou paraît brisé ;

Quand les nuages montent rapidement, se rassemblent à vue d'œil et forment des pelotons ;

Quand ils glissent vivement ;

Quand ils apparaissent souvent au midi ou au couchant, et qu'ils sont aussi rouges que le ciel, surtout dans la matinée ;

Quand les étoiles semblent vaciller et brillent plus que de coutume.

Pronostics du froid et de la gelée

Le froid et la gelée sont probables :

Quand les oiseaux des forêts cherchent un abri dans les buissons et dans les haies ;

Quand, aux premières gelées, les oiseaux qui habitent dans les marais et les étangs recherchent les rivières et les ruisseaux dont l'eau gèle moins promptement ;

Quand la neige est fine et légère ;

Quand, au commencement des gelées, il tombe une grêle légère, ronde et blanche ;

Quand les charbons et le feu paraissent plus ardents que de coutume ;

Quand les oies sauvages et les oiseaux de passage arrivent de bonne heure ;

Quand les petits oiseaux se rassemblent par bandes ;

Quand le disque de la lune est éclatant et que ses cornes, après le renouvellement, semblent pointues ;

Quand le vent souffle du nord ou de l'est, après la nouvelle lune ;

Quand les étoiles jettent un vif éclat ;

Quand de petits nuages voyagent bas, dans la direction du nord ;

Quand il tombe une neige fine pendant que les nuages agglomérés se dessinent en rochers ;

Quand les araignées, durant une nuit, filent deux ou trois toiles les unes sur les autres, c'est signe qu'au bout de neuf à douze jours le froid sera intense et prolongé ;

Cours d'agr. prat.   6

Quand, au milieu des ténèbres, en frottant le dos d'un chat, on en fait sortir des étincelles, avec un léger craquement.

Pronostics de neige

Il doit neiger :

Quand l'automne a été nébuleux ;

Quand les souris construisent leurs nids à une grande hauteur de terre, au milieu des blés ;

Quand le feu semble plus rouge en hiver que de coutume ;

Quand les charbons ardents sont blanchâtres ;

Quand les renards aboient en hiver.

Pronostics de grêle

Il doit grêler :

Quand les nuages, d'un blanc jaunâtre, roulent lentement, quoique poussés par un vent plein de violence ;

Quand, avant le lever du soleil, le ciel est pâle à l'Orient, et que des rayons brisés percent de sombres nuages.

Des nuages blancs annoncent de la grêle en été et de la neige en hiver.

C'est signe de grésil quand les nuages, au printemps comme en hiver, s'étendent beaucoup et ont une couleur blanche tirant sur le bleu.

Pronostics communs à la grêle et à la neige

L'apparition de ces deux météores est probable :

Quand les nuages gris foncé deviennent blanchâtres, surtout par le vent du nord ;

Quand le soleil et la lune ont une auréole pâle et un peu rougeâtre ;

Quand l'air paraît s'épaissir, et s'adoucit après un froid rigoureux.

Pronostics des saisons malsaines

Les saisons sont généralement malsaines :

Quand les racines potagères sont fades ;

Quand on voit beaucoup d'insectes, de vers, de crapauds, etc.;

Quand, après la pluie, il y a dans les marais un grand nombre de grenouilles à ventre jaune et dos cendré ;

Quand le pain mis à l'eau prend de l'humidité et se couvre de moisissure ;

Quand les oiseaux s'éloignent de leur nid, abandonnent leurs œufs et leurs petits ;

Quand les noix de galle contiennent des araignées.

Signes d'un hiver rigoureux

On peut s'attendre à un hiver rigoureux :

Quand les oiseaux, gras en automne, ont plutôt le bec et les pattes noirs que bruns ;

Quand il y a abondance de houblon, de glands, de prunelles, de gratte-culs et de fruits à noyau ;

Quand les noisetiers ou coudriers ont beaucoup de fleurs et que les glands sont sans insectes :

Quand, vers la Saint-Michel, les noix de galle des chênes sont toutes desséchées ;

Quand le foie des brochets est pointu à sa partie antérieure ;

Quand les bêtes à laine sont de bonne heure en chaleur ;

Quand les souris ne sont pas nombreuses ;

Quand la fourrure des lièvres, des lapins, des chats sauvages, des loups, etc., est épaisse et richement fournie ;

Quand les marmottes bouchent l'ouverture de leur trou avec des amas d'herbe et de mousse ;

Quand la bruyère fleurit de bas en haut, jusqu'à sa cime ; l'hiver, dans ce cas, pourra se prolonger jusqu'au 9 avril ;

Quand les feuilles des arbres se détachent aussitôt qu'elles sont flétries.

L'hiver doit être long :

Quand les fourmis, au mois de juillet, exhaussent leurs fourmilières plus haut que de coutume ;

Quand les frelons et les guêpes sont nombreux en octobre ;

Quand les oiseaux, pressés par la faim, s'approchent des habitations ;

Quand, à la fin de l'automne ou en hiver, les moutons, à la nuit tombante, refusent d'entrer dans leur étable ;

Signes d'un hiver précoce

L'hiver doit être précoce :

Quand les oiseaux d'eau désertent les rivières et les étangs ;

Quand le rossignol mâle chante en cage plus fortement que de coutume ;

Quand les grives se réunissent et partent ;

Quand les oies se battent et sifflent autour de leur mangeaille ;

Quand les moineaux chuchotent de grand matin ;

Quand les hirondelles et autres oiseaux de passage partent avant le 18 ou le 19 septembre ;

Quand les grives arrivent dans les premiers jours de septembre.

L'hiver doit être peu rigoureux :

Quand les oiseaux sont maigres en automne ;

Quand il y a beaucoup de souris ;

Quand il y a beaucoup de faine et peu de houblon, de glands, de prunelles, de gratte-culs et de fruits à noyau ;

Quand, à la fin de l'automne, toutes les fleurs de bruyère ne sont pas encore épanouies ;

Quand le feuillage jaune ne quitte point les branches des arbres ;

Quand il y a peu de champignons en été ;

Quand les becs et les pattes des oiseaux ont une teinte brune peu foncée ;

Quand le tonnerre se fait entendre en novembre et en décembre.

Quand les hirondelles ne sont pas encore parties vers la Saint-Michel ou au commencement d'octobre, on peut compter sur un hiver doux jusqu'à Noël.

Signes divers.

Il doit pleuvoir :

Quand la flamme et le feu semblent bleuâtres ;

Quand les charbons étincellent ;

Quand la fumée redescend ;

Quand la mèche des lampes fume et pétille ;

Quand leur flamme est entourée d'un espèce de cercle ;

Quand le brouillard répand une odeur fétide ;

Quand, après une petite pluie, le temps devient froid ;

Quand, dans le lointain, on entend le bruit de l'eau ;

Quand, après une pluie d'orage, on voit fumer les toits de chaume ;

Quand l'eau bout promptement et ne fait pas de bruit ;

Quand le bois se gonfle ;

Quand les pierres deviennent humides ;

Quand les cordes des instruments de musique se rompent ;

Quand les ordures sentent plus mauvais que de coutume ;

Quand le papier de tenture et les toiles des tableaux se détendent ;

Quand le sol est mouillé de lui-même ;

Quand la rosée du matin est abondante et se maintient dans la journée ;

Quand un vent frais souffle le matin ;

Quand, au lever du soleil, l'orient a une teinte grise, l'occident une rouge quand il se couche ;

Quand le soleil atteint la fin de sa course au milieu de nuages couleur de sang ;

Quand la pleine lune est entourée d'une couronne brillante ;

Quand à la nouvelle lune le ciel est pris de tous côtés ;

Quand les taches de la lune sont visibles.

Si, une heure ou deux avant le lever du soleil, il pleut, on peut conclure que le temps sera beau dans l'aprèsmidi.

Quand le croissant de la lune a ses pointes bien marquées, on peut compter que le temps sera beau pendant la pleine lune.

Quand à sa première apparition, deux ou trois jours après son renouvellement, les pointes de son croissant sont émoussées, le temps sera beau pendant les trois derniers quartiers.

Quand la lune n'a point de taches trois ou quatre jours après son renouvellement, tout le mois sera beau.

Quand la lune est rouge à son lever, c'est signe de chaleur.

Quand le soleil est entouré d'un cercle en été, on peut compter sur une grande sécheresse.

AMÉLIORATION DES TERRAINS AGRICOLES

Avant de faire connaître les moyens d'amender et de bonifier le sol par des engrais, il convient au préalable d'agir comme dans la pratique, c'est-à-dire d'indiquer le moyen de corriger ses vices. Ainsi nous traiterons d'abord des défrichements, des défoncements, de l'assainissement et de l'épierrement, et ensuite des amendements et des engrais.

DÉFRICHEMENTS

On opère les défrichements sur des terres incultes, sur des fonds sans rendement, des marécages, des landes et des bruyères qui, abandonnées sans culture pendant un certain laps de temps, finissent par se garnir de plantes sans valeur.

On comprend généralement sous le nom de terres en friches, celles qui n'ont jamais été labourées ou qui ne l'ont pas été depuis longues années. Si l'on a à défricher un terrain couvert de bois, il convient d'abattre les arbres et d'en arracher les racines avec la pioche, et après ce défrichement de laisser pendant un an le terrain en jachère pour le débarrasser de tous les rejetons adventifs [1]. Après cette première opération, fumez et semez de l'avoine, du colza, ou bien des blés à fort chalumeau, tels que les poulards, qui seuls peuvent y réussir; les blés fins seraient exposés à y verser. L'année suivante, semez des plantes sarclées, pour bien égaliser le terrain et pour soumettre plus intimement les molécules aux influences atmosphériques.

Pour les terrains couverts d'arbres ou de bruyères, coupez les gros pieds et mettez le feu sur les parties herbacées et basses, pour faire un engrais qui sera très-salutaire au sol sous tous les rapports; passez ensuite deux Dombasle solidement construites, l'une après l'autre, et suivez, pour la mise en rapport du terrain, les renseignements donnés ci-dessus pour les défrichements des bois. Toutefois, en considération des effets prompts de l'écobuage et de la masse de chevelu qu'ont d'habitude les bruyères et les arbustes rampants, on peut semer de suite après le défrichement opéré; cependant, si l'on craint que ces terrains qui n'ont jamais été défoncés contiennent des principes acides ou acerbes, il convient d'amender au moyen de la chaux en poudre.

La qualité acide d'un terrain est procurée par le séjour très-prolongé de l'eau sur un sol garni de beaucoup de racines et de chevelu; la qualité acerbe provient des détritus des plantes ou des arbres qui contiennent beaucoup de tannin, tels que les chênes.

---

[1] **Accidentels** — qui croissent par hasard — **mauvaises herbes.**

Parmi les défrichements dont les suites sont les plus prospères, on doit citer ceux des terrains qui étaient couverts de genêts épineux (famille des papilionacés), qui contiennent beaucoup de principes fertilisants.

Le défrichement des terrains marécageux doit être effectué en été et au moyen d'un labour peu profond, pour donner prise ensuite à un plus fort au moyen de six à dix bêtes. Ici le mélange de la chaux est indispensable, pour la décomposition plus prompte des tissus épais de racines entrelacées et fortement comprimées dans un sol compacte. On est assuré qu'il y a toujours des principes acides à neutraliser dans ces sortes de terrains. La tenacité des terres marécageuses est cause qu'on ne peut les mettre en culture qu'après une année de jachère complète, et, au lieu de semer de l'avoine comme première culture, il faut semer du sorgho à balai ou du sorgho sucré.

Quelquefois le tissu des racines des plantes marécageuses est tellement grossier et épais, que les mottes brûlent à l'état sec, aussi bien que la tourbe. Dans ce cas, on doit réunir ces mottes en tas au moment des fortes chaleurs, et les brûler. Cet écobuage produit une cendre très-fertilisante, et qui agit sur les terrains acides comme le fait la chaux en poudre. Cette opération dispense de fumer.

Le défrichement des anciennes prairies délaissées ne présente pas les mêmes inconvénients. Ce défrichement doit être opéré comme pour les terrains marécageux. L'opération est moins pénible; on peut mettre en culture, la première année, de l'avoine, du colza, du sorgho ou des poulards, tels que le blé Sainte-Hélène. Après les cultures sarclées, bien diviser et mêler la terre.

DÉFONCEMENTS

Un sol est défoncé : 1° pour augmenter la couche de terre végétale ; 2° pour mélanger la couche supérieure avec un sous-sol de nature différente ; 3° pour renouveler une couche arable épuisée ou gâtée par des labours intempestifs ; 4° pour débarrasser un champ d'une humidité surabondante. Ou défonce à la bêche ou au moyen de deux charrues, dont une à trois colliers et l'autre à six ou huit colliers, passant toutes deux dans le même sillon. Un sol défoncé doit être fortement fumé. La profondeur du défoncement doit être subordonnée à la nature plus ou moins avantageuse du sous-sol, ainsi qu'aux cultures auxquelles on destine la terre et à la quantité de fumier dont on peut disposer.

ASSAINISSEMENT. — DRAINAGE

Les moyens les plus ordinaires d'assainissement sont des fossés pratiqués autour des terres, pour recevoir les eaux pluviales au moyen de rigoles d'écoulement. C'est une erreur de penser que des fossés de 1^m à $1^m,50$ de profondeur, autour d'un sol, suffisent pour le dessécher. Dans bien des cas, au contraire, ils sont très-inefficaces, et, de plus, le gazon qui tapisse bientôt les parois de ces fossés empêche même toute infiltration.

Dans diverses localités du Midi, on trouve de nombreux travaux de drainage établis par les Romains. Ils pratiquaient des tranchées souterraines, qu'ils remplissaient de cailloux. On en trouve aussi en dalles superposées, et aboutissant toutes à un fossé, dans lequel se rendaient tous les écoulements souterrains. Ces travaux pourtant sont insuffisants et plus coûteux que l'assainissement complet et méthodique appelé *drainage*, qui a été importé d'Angleterre.

Le drainage consiste dans un ensemble de tranchées souterraines, de 1^m à 1^m,20 de profondeur, établies dans le sens de la pente du sol, et au fond desquelles on place bout à bout des tuyaux de terre cuite d'une longueur de 0^m,33, et d'un diamètre intérieur de 0^m,020 à 0^m,035. On empêche l'introduction des parties terreuses en posant, sur la partie supérieure de la jointure des tuyaux, des demi-manchons en poterie ou un peu d'argile. Si l'on avait des graviers ou des cailloux, ou des débris de maçonnerie, on pourrait en mettre une épaisseur de 0^m,20 sur tout le trajet des tuyaux; les tuyaux collecteurs, c'est-à-dire qui reçoivent l'écoulement des autres, sont d'un diamètre assez grand pour que les drains de 0^m,020 à 0^m,035 puissent s'y emboîter.

Tout le champ à assainir doit être traversé par des drains placés de 8^m à 15^m de distance, suivant la perméabilité du sol et l'importance des eaux à soutirer. Pour que le drainage, ainsi établi, puisse produire son effet, il faut qu'il y ait possibilité de faire écouler le produit des drains, c'est-à-dire qu'on ait la facilité de leur donner une pente de 0^m,01 au moins pour 10^m de longueur.

Ce mode perfectionné assainit non-seulement les terres

les plus compactes, mais il augmente la puissance de production de tous les terrains humides ; il transforme en prairies fertiles des sols marécageux et insalubres. On peut aussi assainir les terrains marécageux au moyen de puits absorbants, pratiqués en perçant avec une tarière la couche d'argile qui retient l'eau, dans le cas toutefois où cette couche n'est pas trop épaisse.

ÉPIERREMENT

Cette opération, qui consiste à enlever les pierres d'un sol, est à peu près inutile dans un terrain qui ne contient pas beaucoup de pierres. Ainsi, dans certains sols calcaires et siliceux, la présence des pierres entretient l'humidité, et les travaux sont même plus faciles dans un sol qui contient quelques pierres, parce que les instruments s'usent moins vite et que les animaux ont moins de peine. Il ne faut donc songer à épierrer un sol que lorsqu'il contient une trop grande abondance de pierres, et, dans ce cas, pour ne pas avoir des frais de transport onéreux, on doit chercher à utiliser les cailloux, après les avoir cassés, à l'entretien des chemins. Enfin, dans les terrains encombrés de gros blocs de pierre ou de rochers, on est obligé quelquefois d'avoir recours à la poudre pour en opérer l'épierrement.

Les terrains qui ont été épierrés, surtout ceux qui contiennent de fortes pierres, sont d'habitude très-fertiles pendant plusieurs années.

Les produits des épierrements peuvent être placés avantageusement au pied des arbres résineux situés à des expositions sèches, ainsi qu'au pied des vignes exposées à une basse température et dans un terrain peu chaud. Les cailloux conservent la fraîcheur au pied des sujets, et leur procurent de la chaleur par la réflexion des rayons solaires, qu'ils renvoient vers ces plantes. Par là, ils contribuent à faciliter la circulation de la sève résineuse des conifères, et à amener une maturité plus prompte des raisins.

AMENDEMENTS

—

ENGRAIS MINÉRAUX NATURELS OU INORGANIQUES

On donne le nom d'*amendement* à l'emploi de divers corps qui, par leur nature opposée, excitante ou décomposante, tendent à améliorer les qualités physiques du sol, soit en l'ameublissant, soit en le rendant plus compacte, soit en lui restituant des éléments susceptibles d'augmenter les forces végétatives. Nous les diviserons en amendements naturels et bonifiants, en amendements modifiants et en amendements stimulants.

Les *amendements naturels et bonifiants* sont l'air, la pluie, la rosée, la gelée blanche, la neige et la glace. A eux cinq, ils bonifient et modifient le sol, mais non assez pour répondre aux besoins toujours croissants de la consommation. Sous l'influence de cette malheureuse nécessité, on a abandonné, d'une manière peut-être trop absolue, le système des jachères (repos de la terre), et on a recouru aux amendements modificatifs et à ceux qui, par leur qualité stimulante et presque corrosive, changent l'état physique du sol et donnent un aliment passager aux plantes, en décomposant les débris végétaux auparavant inertes. Mais, avant de recourir à des substances étrangères et coûteuses, on doit rechercher dans la couche arable même de la terre à amender, si elle ne contiendrait pas l'élément qui lui manque pour former une meilleure composition.

Les *amendements modifiants* sont : l'argile, le gravier, le sable, les cailloux, etc. Le terrain argileux et compacte est avantageusement amendé par un mélange convenable de sable, de gravier ou de terre calcaire. Il acquiert ainsi une perméabilité qui permet à l'air et à l'eau de s'infiltrer plus facilement dans ses molécules, ce qui évite, d'un côté, la submersion du sol par les eaux pluviales, qui bien souvent pourrissent les racines et asphyxient les plantes, et facilite, d'un autre côté, l'action de l'air et des bonifications atmosphériques. Il faut savoir, en effet, que l'air agit sur des débris auparavant inertes, les décompose d'une manière plus avantageuse, dans les contrées méridionales surtout, que les substances stimulantes.

Les terrains argileux peuvent s'amender par eux-mêmes au moyen de leur écobuage, opération qui consiste à mêler des mottes d'argile sèche avec des débris de végétaux et à brûler le tout ensemble ; ensuite on répand la cendre sur la surface du sol.

Les terrains sablonneux, calcaires ou trop légers, auxquels on mélange de l'argile, acquièrent la propriété de retenir plus longtemps l'humidité ainsi que les parties fécondantes des engrais, si salutaires à la végétation.

On peut se procurer très-souvent ces ressources modificatrices si précieuses dans le sol même : un labour profond, au moyen de deux Dombasle placées dans la même raie, suffit, dans ce cas, pour ramener le sous-sol au-dessus ; on fait après quelques labours ordinaires, pour effectuer le mélange des couches.

Les *amendements stimulants*, la plupart minéraux, sont plus actifs et souvent peu convenables dans les contrées du Midi. C'est pourquoi nous les subdiviserons en deux classes : ceux qui peuvent être favorables aux cultures des contrées méridionales, suivant le mode de les employer, et ceux qui, dans la plupart des cas, ne leur sont pas favorables.

Dans la première catégorie, nous placerons le plâtre, la chaux, la boue, les cendres de charbon et de tourbe et les plâtras ; dans la deuxième, nous établirons la marne, la chaux, l'eau ammoniacale, les résidus des usines à gaz, le sel marin, le soufre et autres corps minéraux qui contiennent de fortes proportions d'alcali ou d'acides divers.

Amendements favorables aux cultures méridionales

Le *plâtre*, gypse ou sulfate de chaux, est employé très-avantageusement à l'état de poudre sur le sainfoin (esparcette), la luzerne, le trèfle, les fèves, les haricots, les

*Cours d'agr. prat.*7

pois, et en général toutes les légumineuses, suivants la pureté
et surtout suivant la quantité de soufre qu'il contient.
On l'emploie à la dose de 2 à 3 hectolitres par hectare,
au moment où les plantes sont en végétation et avant une
pluie si c'est. possible. L'effet du sulfate de chaux sur les
crucifères n'est saillant que lorsqu'il s'attache aux feuilles à
la faveur de l'humidité. Le sulfate de chaux joint à ses
qualités amendantes et stimulantes celle d'être hygrométrique, c'est-à-dire d'attirer l'humidité de l'air, ce qui est
un avantage notable pour les contrées chaudes. Quand on
emploie le plâtre seulement pour amender le terrain, on le
répand avant les labours et on force alors la quantité à 6 ou
8 hectolitres par hectare.

Charrée, ou *cendre de bois lessivée*. — Les cendres, dé-
pourvues de la plus grande partie de la matière alcaline
(carbonate de potasse) et des sels solubles qu'elles contiennent, sont très-propres pour amender, alléger et stimuler
convenablement les terres. Dans cet état, les cendres de
bois lessivées peuvent être employées même dans les terrains qui contiennent du calcaire ; elles ameublissent aussi
les terres argileuses.

Quoique lessivée, la charrée contient encore beaucoup
de principes alcalins et de sels stimulants ; elle doit être
ainsi employée à plus forte dose que lorsqu'elle n'est pas
lavée, c'est-à-dire à raison de 2 à 3 hectolitres par hectare, suivant la nature plus ou moins compacte ou siliceuse du sol. Sur les terres humides et privées de calcaire, mieux vaudrait employer les cendres non lessivées.

Les *boues* des grandes routes, notamment, sont formées de

débris de cailloux calcaires ou siliceux, qui conviennent d'autant mieux à tous les sols dépourvus de calcaire ou de silex, que ces deux substances ont été très-divisées par le frottement des roues, et partant plus facilement assimilables; elles sont très-favorables aux céréales. On sait que c'est la silice qui forme une partie du vernis qui se trouve sur l'écorce des épis de blé, vernis qui leur donne la force de résister aux vents et les empêche de verser.

En outre, ces boues contiennent une quantité de matières organiques, des crottins d'animaux, débris qui augmentent leur efficacité.

Cendres de charbon et de tourbe. — Les cendres des houilles sont très-utilement employées pour diviser les terres humides ou compactes. Elles contiennent des silicates [1] et sont, dès lors, très-favorables à la culture des céréales. Dans les terrains secs, elles seraient beaucoup moins favorables. On les emploie sur les terrains forts à la dose de 15 à 20 hectolitres par hectare, et sur les terrains légers à raison de 10 à 12 hectolitres, qu'il faut répandre en automne et en hiver.

Les cendres de tourbe s'obtiennent en faisant en plein champ, sur les lieux, de grands feux de tourbe dont on recueille les cendres. Elles renferment beaucoup de sels calcaires et sont, par conséquent, très-utiles aux terrains non calcaires et nuisibles à ceux qui en contiennent déjà suffisamment. On les emploie comme les cendres de houille, sur les terres compactes humides, à la dose de 20 à 30 hectolitres par hectare.

[1] Sels formés par la combinaison de l'acide silicique avec différents minéraux.

Coquilles. — On trouve dans le Midi comme dans le Nord des couches considérables de coquillages fossiles. Ces dépôts marins sont ordinairement sur les bords de la mer, quelquefois aussi dans l'intérieur du pays. On en trouve même sur des montagnes fort élevées. Il y en a un banc considérable à la mi-hauteur du mont Ventoux, qui a 1900 mètres d'altitude au-dessus du niveau de la mer. Ces bancs sont composés notamment d'huîtres, dont les coquillages contiennent 50 à 80 p. % de carbonate de chaux, et sont employés en poudre grossière, à raison de 20 à 40 hectolitres par hectare, suivant la nature plus ou moins compacte et humide du sol. Leur composition indique surabondamment qu'on ne peut les employer sur des terrains calcaires, et leur poids, comme celui de la plupart des substances minérales amendantes, ne permet d'en faire l'emploi que lorsqu'elles se trouvent sur les lieux ou très-près des champs sur lesquels on veut les employer.

Plâtras. — Les décombres et les résidus des démolitions, des caves et écuries, notamment, appelés plâtras, contiennent une quantité plus ou moins grande de sels stimulants, tels que le carbonate de chaux, le nitrate de potasse (salpêtre), les nitrates de chaux et de soude ; ils sont très-favorables au développement des plantes qui végètent dans des terrains humides ou arrosés. On les emploie à l'état concassé, très-avantageusement dans les prairies. Ils sont favorables aux terres à blé, c'est-à-dire aux terres fortes, mais à la condition qu'ils ne soient pas mis trop épais et qu'ils soient répandus sur le sol avant l'hiver. Les betteraves, surtout, absorbent beaucoup les sels nitreux.

On doit enterrer les plâtras peu profondément et ne les

employer qu'avec ménagement et sur des sols non calcaires. Des arrosements faits avec de l'eau dans laquelle on aurait mêlé des plâtras seraient très-favorables et sans danger.

Ce moyen de solution aqueuse est d'une pratique avantageuse pour tous les stimulants. Il en tempère les effets sans en altérer les qualités. Cette précaution est très-utile à prendre dans les contrées méridionales et surtout pour les terrains légers et calcaires.

Amendements généralement défavorables aux cultures méridionales

Marne. — La marne est une matière terreuse, composée de calcaire, d'argile et de silice. En versant du vinaigre dessus, il se déclare une effervescence comme avec le calcaire. Sa forme et sa couleur sont variables : elle est très-souvent blanchâtre, et en bancs plus ou moins épais et de consistance pâteuse. C'est par ses caractères extérieurs surtout qu'on établit ses différentes sortes ; on compte trois sortes de marne :

1° La *marne calcaire*, qui se dilate et se réduit promptement en poudre ; elle contient en cet état beaucoup de calcaire, peu d'argile et très-peu de sable : elle convient essentiellement pour amender les terres sur les défrichements et sur les sols non calcaires ;

2° La *marne argileuse* est celle qui se dissout difficilement ; elle contient beaucoup d'argile, peu de calcaire et peu de sable : son emploi est indiqué pour l'amélioration des terres légères, siliceuses et non calcaires ; elle ne convient pas aux terres compactes. C'est la qualité qui serait le moins en opposition avec les terres chaudes du Midi ;

3° La *marne siliceuse* est celle qui contient beaucoup de sable, peu de calcaire et très-peu d'argile; elle convient aux terres argileuses, humides et compactes.

Pour employer la marne, on la laisse auparavant sous l'impression atmosphérique pendant quelque temps; si elle est pure, on l'expose aux gelées pendant tout un hiver. On l'emploie à raison de 40 à 60 hectolitres par hectare, de préférence pendant l'automne, et à défaut pendant l'hiver; on la répand également sur le sol, qu'on doit labourer peu profondément. L'effet de la marne dure pendant plusieurs années. Ses qualités sont à peu près conformes à celle de la chaux, mais elle présente moins de danger; elle amende, modifie la culture des terres, et, elle favorise la décomposition des matières inertes contenues dans le sol, et qui deviennent ensuite nutritives pour les plantes.

La *chaux* est le résultat de la pierre calcaire calcinée au four. En versant sur la pierre à chaux du vinaigre ou tout autre acide, ou même de l'eau, il se déclare un bouillonnement qui est produit par le dégagement du gaz acide carbonique; or c'est cet acide qui est chassé par la calcination de la pierre, en même temps que l'eau qu'elle contenait, et le produit obtenu est la chaux vive. C'est une matière très-âcre, très-excitante, et qui ne peut convenir, dans les pays méridionaux, que dans les terres marécageuses, tourbeuses, humides, et qui ne contiennent pas de calcaire. A cause des chaleurs et de la sécheresse qui règnent dans le Midi, son usage dans les conditions autres que celles ci-dessus indiquées serait dangereux.

La chaux agit d'une manière toute particulière sur les racines des plantes et sur les matières nutritives, qu'elle dissout, décompose et corrode; mais elle n'a elle-même aucune action nutritive. Toutefois la chaux éteinte (en poudre), mêlée par moitié avec de la terre argileuse en poudre, et exposée pendant longtemps (un an au moins) à toutes les impressions atmosphériques, peut être employée comme amendement; on la répand alors dans la raie des labours d'automne et d'hiver. 15 ou 20 hectolitres, *en cet état,* suffisent pour un hectare. Son action caustique et corrosive sur la surface du sol et sous l'influence des fortes chaleurs est très-modifiée lorsqu'on l'enterre à $0^m,25$ de profondeur, et elle sert alors de stimulant. Son emploi exige conjointement celui du fumier.

La chaux perd aussi une partie de ses qualités brûlantes, excessives, lorsqu'on la laisse pendant longtemps répandue sur le sol en couches minces; elle absorbe ainsi l'acide carbonique de l'air et repasse à l'état de carbonate de chaux

Le *carbonate de chaux* est un des agents les plus fécondants de la végétation et des amendements; il est classé parmi les stimulants, mais il peut être considéré comme excitant dans les sols des contrées méridionales. Il fait effervescence avec les acides, comme tous les carbonates, lesquels sont composés d'acide carbonique mêlé à un corps neutre ou alcalin, de même que les muriates sont une combinaison d'acide muriatique avec un corps neutre ou alcalin, et que les acétates sont la réunion d'acide acétique (vinaigre) avec un corps simple ou alcalin, enfin que les sulfates sont un composé d'acide sulfurique et d'un corps simple. Mais, par la loi des affinités, qui fait que les acides se portent plutôt sur un corps simple que sur un autre, il arrive bien souvent qu'ils abandonnent celui auquel ils étaient intimement liés pour se reporter ailleurs; ainsi le sulfate de chaux, *plâtre*, étendu même à petite dose sur un tas de fumier échauffé, suspend non-seulement sa fermentation, mais lui enlève une grande partie de l'odeur pénétrante qu'il répand, et fixe l'ammoniaque sous une ferme moins volatile, car il se forme un sulfate d'ammoniaque d'une part, et, de l'autre, la chaux que l'acide sulfurique a abandonnée s'allie, dès que le fumier est répandu sur le sol, à l'acide carbonique de l'air, pour former un carbonate de chaux. Le même sulfate de chaux, répandu sur la couche épaisse de fumier qui existe si souvent dans une bergerie, lui enlève l'odeur ammoniacale asphyxiante qui fait cuire les yeux, par suite d'une affinité plus grande que possède l'acide sulfurique pour l'ammoniaque, qui lui fait abandonner la chaux pour se reporter sur l'ammoniaque produit par les substances animales en fermentation et notamment par les urines. Celles-ci contiennent aussi un acide, *l'acide urique*, qui vient à son tour se marier de préférence avec la chaux et qui forme avec elle l'urate de chaux.

L'urate de chaux est un composé, nous venons de l'établir, d'acide urique et de chaux ; il est très-fertilisant, il forme un excellent stimulant. On l'obtient très-facilement en répandant l'urine surabondante des écuries, du ménage, etc., sur un tas de chaux délitée. Dans cette combinaison, l'acide urique s'emparant de la chaux, l'urine laisse échapper une partie de son gaz ammoniacal, dit *alcoli volatil* ou *ammoniaque*.

L'*alcali volatil* se dégage naturellement des matières animales et de quelques végétaux en putréfaction ; mais les substances animales en dégagent beaucoup plus. C'est plus récemment qu'on l'a nommé ammoniaque. Cet alcali est composé d'azote et d'hydrogène. On trouve l'ammoniaque assez souvent combiné avec les acides phosphorique, hydrochlorique et sulfurique ; il s'allie avec eux en sa qualité d'alcali, et forme des phosphates, hydrochlorates ou muriates d'ammoniaque, et des sulfates d'ammoniaque. La volatilité de l'ammoniaque est ainsi fixée. Tous ces sels sont des plus fertilisants pour la végétation, et ils sont d'autant plus appréciables qu'ils se décomposent lentement, et peuvent fournir ainsi pendant longtemps des principes stimulants aux plantes.

Eau ammoniacale des usines à gaz. — En considération de son titre ammoniacal, on a fait beaucoup d'essais sur cette matière, qui renferme à l'état liquide un des principes les plus fertilisants ; mais on a éprouvé, dans le Midi surtout, beaucoup de mécomptes par l'emploi de ce liquide. A l'état pur, répandu sur le sol, il a corrodé, brûlé les plantes très-profondément ; non-seulement à cause de la causticité de l'ammoniaque dans cet état, mais aussi à cause d'un mélange d'huile de schiste, substance mordicante et qui bouche les porces des plantes, comme toutes les huiles essentielles. Cependant on peut tirer quelque parti de ces eaux en les mêlant au sulfate de chaux (plâtre), dont l'acide sulfurique se combine avec l'ammoniaque, ou avec l'acide sulfurique à l'état pur, qui donne le même résultat. Dans cet état même, il faut en user avec ménagement et, pour se mettre à l'abri de tout danger, l'étendre dans un fossé d'eau pure destinée à l'irrigation. Un autre moyen serait de répandre le mélange ci-dessus sur une masse de terre friable et de laisser le tout ainsi, pendant six mois, exposé aux influences atmosphériques.

Ces stimulants, qui pourraient être moins dangereux dans des climats humides et dans des terrains compacts et de nature froide, sont tellement surexcitants sous l'influence des chaleurs méridionales, qu'on ne saurait trop insister sur les précautions que leur emploi mérite.

Sel marin, muriate de soude. — Il est produit par les eaux de mer, au moyen de leur évaporation naturelle. Les anciens considéraient le sel marin comme une substance tellement nuisible à l'agriculture, qu'ils en jetaient solennellement quelques poignées sur les terres des criminels, pour les vouer à la stérilité. Il est certain que, employé à l'état pur sur la terre, ce sel produit l'effet brûlant et mordicant des alcalis; mais employé à petite dose, mêlé aux fumiers, il contribue à les diviser et à les rendre plus fertilisants. Le sel marin ne saurait convenir dans les contrées méridionales surtout, sauf toutefois dans les pâturages humides, où l'on pourrait l'employer à la dose de 12 à 15 kil. par hectare.

Pour les autres cultures, on ne doit l'employer que mélangé avec le fumier, et, pour que la proportion n'en soit pas trop forte et qu'il soit d'un résultat fécond et assuré, il convient d'en introduire convenablement dans les aliments des races d'animaux domestiques, soit en le mêlant à leur nourriture liquide, soit en le répandant sur les fourrages à l'état de dissolution concentrée. Une partie des terrains des plaines du Midi contient du sel, ce qu'il est facile de reconnaître sur la tige de diverses plantes pendant les belles matinées de printemps; mais la proportion de cette substance saline n'est pas la même dans les mêmes contrées, ni dans la même plaine, ce qui porte à penser qu'elle ne se présente sur les végétaux que là où, par capillarité, ils puisent cet élément dans des sous-sols correspondant, de près ou de loin, à des nappes contenant des principes salins, circonstance qui n'a pas lieu là où le sous-sol est imperméable.

Le *soufre* est un corps simple, qu'on trouve dans les terrains volcaniques; uni à l'oxygène, il forme l'acide sulfurique. Ce n'est que par des expériences directes qu'on a été amené à reconnaître l'utilité du soufre dans l'alimentation végétale. Ainsi, depuis longtemps, on a reconnu que plus un plâtre est riche en soufre, plus l'effet qu'il produit sur la végétation des luzernes et du sainfoin est saillant et énergique. Quelques praticiens emploient le soufre seul pour engrais, à la dose de 150 kilogr. par hectare, sur les légumineuses notamment : quoique à forte dose il soit nuisible aux végétaux, surtout dans le Midi, les haricots poussent et croissent dans le soufre en poudre, arrosé convenablement.

On sait que le soufre agit d'une manière très-efficace sur l'oïdium, qu'il détruit ou dont il diminue les ravages ; on attribue l'efficacité du soufre à sa combinaison avec l'oxygène de l'air.

L'*acide sulfurique,* comme nous l'avons dit ci-dessus, est du soufre uni à l'oxygène ; on le nomme aussi huile de vitriol, à cause de sa ressemblance d'aspect avec l'huile. Il est d'une saveur très-âcre, corrosive ; il détruit et réduit en charbon les corps avec lesquels on le met en contact. Étendu par cinq litres sur cent litres d'eau, il augmente l'énergie des fumiers, non par ses qualités corrosives, mais parce que l'acide sulfurique s'allie aux matières appelées *bases*, qui neutralisent ses effets rongeurs. Cet acide forme avec la potasse, la soude, la chaux, qui sont des alcalis possédant eux-mêmes des qualités âcres et brûlantes, des substances salines très-fertilisantes, tels que le sulfate de potasse, le sulfate de soude, le sulfate de chaux. La fertilité de ces substances est subordonnée à la nature du sol et du climat; on doit en être sobre dans les terres chaudes et dans le Midi.

ENGRAIS

On donne le nom d'engrais aux substances végétales et animales qui, arrivées à un état de fermentation et de décomposition convenable, suppléent, par leur mélange dans le sol, à l'insuffisance des principes alimentaires que les plantes ont besoin d'y trouver.

On range dans la désignation d'engrais non-seulement toutes les matières organiques, c'est-à-dire celles qui appartiennent aux corps ayant des organes, comme les animaux et les végétaux, mais les substances inorganiques, comme les matières minérales, naturelles et artificielles. Depuis qu'on a trouvé du phosphore et du soufre, notamment, dans les matières organiques comme dans les inorganiques, les engrais peuvent être divisés en deux classes: les engrais organiques naturels et les engrais organiques artificiels.

Dans la première classe sont compris les excréments et

les urines de l'homme, du cheval, du bœuf, du porc, du mouton, et leurs composés — le fumier de ferme, le purin — les excréments des oiseaux de basse-cour, le guano, le sang des animaux, l'engrais vert.

Dans la deuxième classe sont compris les os, la chair des abattoirs, les tourteaux, les chiffons de laine, les plumes, les chrysalides de vers à soie, le marc d'olive, la suie, les cendres charbonneuses, les débris de raffinerie, les résidus des garancines, le noir animal, l'engrais Jauffret.

PREMIÈRE DIVISION

ENGRAIS ORGANIQUES NATURELS

Les *excréments et les urines de l'homme* s'emploient rarement à l'état pur. Dans les contrées méridionales, on les emploie en les délayant dans de l'eau au sortir des fosses, pour les cultures du chanvre, des oliviers et des orangers; mais la plus grande partie des déjections humaines sont employées à l'état liquide, appelé gadoue. Les matières fécales ayant séjourné dans des citernes ou latrines y contractent un certain degré de fermentation, qui les rend visqueuses et en augmente la qualité. On enlève l'odeur infecte des matières fécales en y mêlant du charbon en poudre ou du sulfate de fer (couperose) bien battu, dans un tiers de son volume d'huile grasse. On a récemment obtenu d'excellents résultats dans la désinfection des vidanges par la méthode de M. Corne, qui consiste à les gâcher avec du plâtre mêlé à 2 ou 3 °/₀ de *coaltar,* ou goudron de gaz. Dans certaines contrées duNord, la gadoue porte le nom d'engrais flamand. En hiver, on répand cet engrais étendu d'eau sur les terrains préparés pour les cultures sarclées; mais, pour que l'emploi en soit plus durable et plus régulier, mieux vaut mêler cette matière à du sable, à des cendres ou à des balles de blé. On forme aussi un fumier de première valeur, qui doit être employé sans retard et de préférence sur des terrains froids.

Près des grandes cités, on laisse déposer les gadoues dans des bassins immenses, dont on extrait, au moyen de robinets, toutes les parties liquides, qu'on emploie comme ci-dessus, et les matières solides desséchées composent l'engrais pulvérulent qui porte le nom de *poudrette*.

La *poudrette* est loin de produire les mêmes effets que la gadoue, ayant perdu beaucoup de ses principes fertilisants pendant sa préparation et sa dessication; elle est aussi très-susceptible d'être falsifiée et n'améliore pas le sol ; elle donne du grain la première année, mais son effet ne va pas au delà. Pour éviter cette perte d'une partie des principes fertilisants de l'engrais humain, on a essayé d'appliquer également aux entrepôts des grandes villes la méthode de M. Corne. Une expérience qui a eu lieu, le 4 mars 1861, au dépotoir de la Villette, près Paris, a complétement réussi : on a obtenu, en jetant dans les fosses un mélange de 95 parties de sable argileux et de 5 parties de coaltar, une désinfection complète. — On applique la poudrette, dans le Nord principalement, aux cultures du lin, du tabac, du colza, du pavot, etc. Étendue sur les prairies quand elle est pure, elle communique une odeur désagréable aux fourrages.

Excréments et fumier de cheval. — Les crottins du cheval contiennent très-peu de principes fertilisants. Ce n'est que par leur mélange avec les urines et les substances végétales servant de litière qu'ils forment, au moyen de la fermentation et de la décomposition, un fumier actif de bonne qualité, qui fermente facilement et qui est très-propre à former les couches pour le jardinage hâtif; on l'appelle plus particulièrement fumier de litière.

Cet engrais doit être employé au sortir de l'écurie. Le répandre et l'enterrer au plus tôt. Suivant les cultures, il faut 40 ou 60 mètres cubes de ce fumier pour fumer un hectare; il convient à toutes les natures de sol, mais plus particulièrement aux sols argileux.

Excréments et fumier des bêtes à cornes. — La bouse de bœuf n'a pas plus de puissance fertilisante que les crottins de cheval : mêlée avec la paille ou d'autres matières végétales absorbantes et aux urines, très-abondantes chez les bêtes à corne, elle forme un fumier pâteux, gras, qui absorbe une grande quantité de litière, et qui possède autant de puissance modifiante que fertilisante. Ce fumier est moins chaud et moins actif que le fumier de cheval; il convient essentiellement aux terrains légers, sablonneux et chauds. Ce fumier ne se décompose pas aussi vite que celui de cheval; partant il est plus durable.

Excréments et fumier de cochon. — La valeur fertilisante de cet engrais a été et est encore très-discutée. Il est plus ou moins énergique, suivant la nourriture qu'on donne aux animaux; il est très-onctueux, très-abondant et très-propre aux terrains légers, sablonneux. Les agriculteurs qui donnent à manger aux cochons de la viande, des grains grossiers, des eaux de lavure, et en même temps des betteraves, classent cet engrais avant celui des bêtes à cornes; il lui est dans ce cas supérieur.

Le porc est la machine à engrais qui en produit le plus; viennent ensuite la vache, le cheval et le mouton; et, pour la valeur du fumier, c'est le mouton, le cheval, le bœuf et le cochon.

Excréments et fumier de mouton. — Cet engrais est très-actif; il occupe le premier rang parmi les engrais formés par les herbivores; il se décompose très-promptement, et convient essentiellement aux terrains compactes et froids. 30^m à 35^m cubes de fumier de bergerie font autant d'effet sur un hectare que 50^m de fumier d'étable; mais le meilleur moyen pour tirer parti de l'engrais des bêtes ovines est le pacage.

Le *pacage* consiste dans la réunion d'un troupeau de moutons ou de brebis sur un espace de terrain qui réclame la fumure, et sur lequel les animaux trouvent à manger. On enclot un espace donné au moyen de claies ou de cordes fixées à des poteaux, en calculant les dimensions du parc à raison de 1^m carré par mouton. Dans ces conditions, le séjour d'un troupeau pendant douze heures donne une forte fumure au sol; on obtiendra donc une demi-fumure pendant six heures.

Le pacage réunit les avantages de ne pas occasionner de mauvaises herbes au sol, comme le ferait le même engrais, obtenu dans la bergerie. Il économise le transport du fumier, les travaux de préparation, évite l'échauffement et la volatilisation des sels ammoniacaux, dont le sol tire immédiatement parti.

Quand on ne fait pas parquer les moutons, et qu'ils passent la nuit et une partie du jour à la bergerie, on doit chaque matin ramasser les crottins sur le sol, auquel il faut conserver beaucoup de propreté, et les employer, soit comme engrais en poudre, soit dans les raies de cultures en ligne.

Les crottins de lapin ont la même valeur fécondante que ceux de mouton.

La *fiente de pigeon* a été réputée de tout temps comme un des engrais les plus fertilisants; on l'appelle *colombine*. Dans plusieurs contrées du Midi, on l'emploie pour le jardinage et pour les orangers; on la fait délayer dans de l'eau, pour éviter les dangers que présente cet engrais, classé au nombre des plus chauds.

On doit la ramasser avec soin, et ne pas la laisser à la disposition des cochons, qui en sont friands. La cueillette de la colombine doit avoir lieu tous les mois, pour éviter la fermentation, qui ferait échapper toute la partie ammoniacale et qui, d'ailleurs, donne naissance à des insectes qui désolent les pigeons.

Cette fiente, ainsi que celle des *poules*, laquelle possède à peu près les mêmes qualités fécondantes, est très-utile pour augmenter la valeur des composts dans lesquels on la mélange.

Fumier de litière. — On donne le nom de fumier aux pailles et aux végétaux qui, ayant servi de litière aux animaux domestiques, se sont imprégnés de leurs excréments liquides et solides, et sont arrivés à l'état de décomposition, après avoir subi un certain degré de fermentation.

Les propriétés des fumiers varient suivant une foule de circonstances qu'il est difficile de déterminer. Ils sont plus ou moins chargés de principes fertilisants, suivant la nourriture que consomment les animaux. Par ces mêmes causes, on place en première ligne les fumiers des carnivores, c'est-à-dire des animaux qui mangent de la viande; en seconde ligne, ceux des granivores, qui mangent les graines; et en dernière ligne, ceux des herbivores, qui se nourrissent de fourrages. Parmi ces derniers, le fumier de mouton et celui de cheval sont les plus énergiques et sont taxés de fumiers chauds; ceux des races bovine et porcine viennent après et sont qualifiés de fumiers froids.

Le *fumier de ferme* est composé de tous les engrais d'une exploitation agricole, c'est-à-dire que c'est un mélange des fumiers de la bergerie, des écuries, de la vacherie et de la porcherie. Ce mélange est pratiqué dans presque tous les domaines; il forme un engrais riche en principes fertilisants azotés et ammoniacaux et autres matières fécondantes. Ce mode est avantageux quand on exploite une contenance de même nature; mais, si la ferme possède des sols compactes et d'autres légers, il est indispensable de conserver le fumier chaud de mouton et de cheval pour les terrains compactes froids, et le fumier froid de vache et de porc pour les terres légères et sablonneuses.

De tous les engrais, le fumier de litière est celui qui est le plus usité et qui est le plus convenable à toutes les natures de sol. Il convient donc d'en produire autant que possible dans une exploitation, et de le préparer de manière qu'il contienne des principes fertilisants autant que sa composition le permet. A cet effet, enlevez la litière aussitôt que la paille a changé d'aspect, et conduisez ce fumier, contenant excréments et urines, sur les terrains destinés à être mis en culture; mais il faut bien se garder de le laisser en tas, petits ou gros, car on en éprouve un double dommage : d'abord ils procurent aux parties du sol sur lesquelles ils séjournent un excès de vertu qui fait verser les céréales; ensuite ils occasionnent la perte de gaz fécondants qui s'échappent surtout quand ces tas sont petits. Il convient donc d'enterrer le fumier au fur et à mesure qu'il est répandu sur le sol. D'après la règle et les principes, qui paraissent incontestables, labourer immédiatement après l'expansion du fumier paraîtrait le meilleur moyen pour que la terre profitât plus intimement de toute la valeur fertilisante. Néanmoins, dans plusieurs contrées du Midi, le fumier répandu sur la terre après les moissons, et abandonné ainsi pendant plusieurs mois sans être enterré, y produit d'excellents effets. Les principes et la science sont très-respectables, mais les faits sont brutaux. Toutefois, quand on le peut, on doit enfermer le fumier dans la terre par un coup de charrue peu profond; mais, quand cette opération n'est pas praticable, soit à cause des récoltes sur pied ou de l'humidité du sol, etc., il convient d'établir le tas de fumier sur un terrain en pente bien battu et recouvert d'une couche d'argile, afin d'éviter l'infiltration du purin dans la terre; l'inclinaison du terrain doit diriger le purin vers un seul point, où on pratique un réservoir qui soit assez près du tas pour qu'on puisse rejeter le liquide sur le fumier qui commence à devenir sec. On arrose ainsi le fumier avec du purin, au moyen d'une coque de bois placée au bout d'un manche, ou bien avec une pompe très-simple, qu'on peut établir en perforant un pied d'arbre, dans lequel on établit une soupape et un piston. Il importe ensuite de garantir le fumier contre les rayons solaires, qui déterminent une fermentation et une dessication trop promptes. Mieux vaudrait, pour éviter ces absorptions, ainsi que l'effet nuisible des eaux pluviales qui les lavent, élever les tas de fumier sous un vieux hangar; mais, comme ces moyens sont quelquefois au-dessus de la portée de l'agriculteur, on doit, pour obtenir une grande partie des avantages procurés par un hangar, faire les tas de 1^m d'épaisseur sur 2^m de largeur, les recouvrir d'une couche de $0^m,15$ de terre argileuse et mettre par-dessus de la paille longue ou des branches de pin fixées au moyen de planches ou de fortes pierres, pour que le vent ne les enlève pas.

Préservez aussi le fumier du grattage des volailles et du piétinement des bestiaux, et ne faites pas le tas trop long, pour ne pas mettre pendant longtemps le fumier nouveau sur le vieux. Au fur et à mesure qu'un tas de fumier est monté, il convient de le tasser et de le battre fortement, autant pour entretenir l'humidité que pour empêcher l'introduction de l'air, qui provoque une fermentation trop précoce dans les fermes où l'eau manque pour humecter le fumier. Il est utile de mettre une couche de terre de $0^m,10$ environ sur chaque couche de $0^m,40$. Dans les localités où le plâtre n'est pas à un prix élevé, il serait bon de répandre une légère couche de plâtre sur la couche de terre argileuse qui est posée au-dessus de chaque tas. Le plâtre absorbe l'ammoniaque qui se dégage du fumier, et forme un sulfate d'ammoniaque très-fécondant.

En général, et sans tenir compte des circonstances relatives à la nature du sol, au genre de culture et à la qualité de la nourriture des animaux de ménage, on peut dire que, pour fumer un hectare de terre, il faut en poids :

36,000 k. fumier de ferme.
25,000 — de mouton.
30,000 — de cheval.
40,000 — de vache.
40,000 — de cochon.

Le fumier de litière s'évapore beaucoup et fait un déchet considérable, au point que des agronomes très-distingués prétendent que ce fumier perd 55 p. % dans l'espace de quatre mois. Son emploi immédiat sur ou dans le sol fera donc profiter celui-ci de la déperdition faite dans l'air en pure perte.

Voici la quantité de fumier que produisent, d'après Schwerz, les fourrages consommés :

Fumier contenant 75 p. % de liquide.

Foin à l'état sec.............	100 k. produisent	175 k
Paille....	100 —	175
Trèfle.......................	21	36,750
Pommes de terre.............	28 —	49
Betteraves..................	12 —	21
Carottes....................	13 —	22,750
Navets......................	10 —	17,500
Colraves....................	22 —	38,500
Paille de litière non consommée.	100 —	200

Engrais liquides. — L'urine de l'homme et des animaux est, sans contredit, un des engrais les plus puissants. Elle renferme la plus grande partie des éléments constitutifs des végétaux, notamment la potasse, la soude, l'acide phosphorique et une quantité assez notable d'une substance particulière (l'urée), qui est très-azotée et qui, par sa décomposition, produit de l'ammoniaque.

On emploie généralement les urines mêlées aux excréments ou au fumier; mais le moyen le plus efficace de les utiliser est de les mêler à trois fois leur volume d'eau en été et deux fois seulement en hiver, et de les répandre sur les terres au moyen d'un tonneau. Les urines ont plus ou moins de valeur, suivant les espèces d'animaux et selon la qualité plus ou moins liquide, plus ou moins substantielle, de leur alimentation. En moyenne, 20,000 kil. d'urine des diverses races d'animaux sont aussi fertilisantes que 40,000 kil. de fumier de litière.

Comme on est forcé de laisser séjourner les urines, pour les ramasser, soit dans des cloaques, soit dans des fosses à purin en forme de cuves fermées, il convient d'ajouter à ces liquides une certaine quantité de couperose (sulfate de fer), substance qui empêche la fermentation et qui fixe les parties ammoniacales des urines : deux kil. de couperose suffisent pour un hectolitre de purin.

Quand on n'a pas de cuves spéciales pour recevoir les urines des écuries, vacheries, porcheries et latrines, il convient de les faire absorber par des cendres de fourneau ou par toute autre matière, soit même de la terre sèche, afin d'éviter l'action trop vive qu'elles pourraient exercer sur les graines ou sur les plantes jeunes surtout.

Guano. — On a donné le nom de guano à un engrais exotique composé principalement d'anciens excréments d'oiseau accumulés avec les siècles dans les îles et au pied de certains rochers qui bordent les côtes du Pérou, de l'Afrique, de plusieurs parties de l'Amérique du Sud, etc. Ces fientes méconnaissables sont mélangées de débris divers provenant des cadavres des oiseaux, des poissons et des autres animaux qui sont venus expirer sur les lieux ; on y trouve surtout des résidus de phoques. L'action du guano est plus vive et plus durable que celle des excréments de volaille de basse-cour, non-seulement parce que les oiseaux qui ont formé ces énormes amas, d'une épaisseur qui atteint quelquefois 20 mètres, se nourrissent de poissons ou de débris d'animaux, mais aussi parce que la décomposition lente et concentrée des matières organiques a donné lieu à la formation du sulfate d'ammoniaque, sel dont la volatilisation est très-lente. Le guano est un des engrais les plus azotés.

Les premiers arrivages en France de guano pur présentaient de petits grains de sel ammoniac visibles à l'œil ; mais depuis lors on a mêlé cette précieuse matière avec du tan, de la terre, du sel, etc., ce qui l'a dépréciée. On l'emploie, suivant l'état du sol et de la récolte qu'on veut obtenir, à raison de 200 à 300 kil. à l'hectare : 100 kil. de guano du Pérou pur équivalent, d'après les expériences faites en Angleterre, où arrivent les trois quarts du guano du monde, à 4,200 kil. de fumier consommé. On doit le répandre sur les terres destinées aux céréales avant leur ensemencement, et sur les prairies naturelles en automne ou fin hiver, au moment où la température est humide.

Cet engrais a l'inconvénient de donner de l'odeur aux fourrages ; son effet sur les légumineuses est moins efficace que sur les graminées.

Engrais verts. — Ce genre d'engrais se compose de certaines plantes que l'on enfouit toutes fraîches dans le sol où elles ont été cultivées, au moment où elles vont acquérir leur maturité, c'est-à-dire à leur complète floraison. Les plantes qui, d'après l'expérience, paraissent les plus fécondantes et les plus amendantes, appartiennent en grande partie aux légumineuses, lesquelles puisent plus de principes nutritifs dans l'atmosphère que dans le sol.

Généralement on place en première ligne le lupin blanc, que l'on sème en septembre pour l'enfouir en mai ; malheureusement cette légumineuse n'acquiert qu'une végétation chétive dans les terrains calcaires. Viennent ensuite le sarrasin ou blé noir, qu'on sème à raison de 73 litres à l'hectare et qu'on enfouit en septembre, les fèves et féverolles, semées en septembre pour être enfouies au printemps ; les pois et les vesces, semés en avril pour être enfouis en septembre, etc. Ces plantes conviennent parfaitement aux cultures méridionales. La spergule est aussi très-bonne pour engrais vert, mais sa végétation se développe mieux dans le Nord que dans le Midi.

Les engrais verts sont plus coûteux qu'ils ne le paraissent tout d'abord et sans calcul ; mais ils conviennent essentiellement pour modifier la nature des sols calcaires et sont indispensables sur les sols où les charrettes ne peuvent pas arriver ou qui sont trop éloignés des bâtiments de la ferme ; ils sont aussi très-utiles dans les années où la paille et les autres engrais manquent. On emploie également comme engrais vert les feuilles et les jeunes tiges du buis et du pin. Dans les communes montagneuses, on est dans l'habitude d'étendre dans les rues les tiges vertes du buis pour les soumettre aux piétinements et leur faire éprouver un commencement de décomposition. Cependant les tiges vertes de pin et de buis sont souvent enterrées sans aucune préparation; on les jette simplement dans les raies tracées par la charrue.

Les goëmons et les varechs sont aussi employés pour engrais verts. Le goëmon est un mélange de différentes plantes marines de la famille des algues, que l'on recueille sur le bord de la mer ; il est riche en sels de soude et de potasse, lesquels augmentent la valeur fécondante de ces plantes marines. Le varech est une plante qui végète vigoureusement sur les bords des eaux salées.

DEUXIÈME DIVISION

ENGRAIS ORGANIQUES ARTIFICIELS

Le *sang des animaux*, que M. le comte de Gasparin, reproduisant la définition du célèbre médecin Barthez, qualifie de *chair coulante*, est très-riche en éléments azotés et en alcalis. A ce titre, il constitue un engrais très-énergique. Mais l'emploi de ce liquide sous sa forme naturelle est désagréable, et comme la dessication, d'ailleurs difficile, lui ferait perdre une partie de sa valeur fertilisante, il convient de le mêler à de la terre en poudre sèche, pour en absorber toutes les parties. Enfin, quand on achète le sang aux abattoirs et qu'on doit le transporter à la ferme, il faut y ajouter une solution de potasse ou de soude ou toute autre lessive alcaline, afin d'éviter la décomposition de ce liquide animal.

Les poissons. — Les débris de poisson qu'on trouve dans les pêcheries forment un engrais qui pourrait prendre rang après la chair musculaire. Avant de les employer, on les fait entrer en putréfaction en les mêlant à du plâtre ou de la terre, et on maintient le mélange jusqu'à ce qu'on obtienne un terreau sec; car, si l'on répandait cet engrais à l'état frais, il serait dévoré par les animaux carnivores.

Mais la plus grande quantité des poissons pour engrais s'emploie à l'état salé. Toutes les salaisons qui éprouvent des altérations capables de les faire rejeter de la consommation sont destinées à l'usage de la terre. Ces substances sont réduites à l'état de débris menus et mêlées soit avec du plâtre, soit avec de la chaux. Leur valeur fécondante est énergique, dans les terrains froids et humides surtout. On les emploie ainsi décomposés à raison de 1,000 kil. à 1,200 kil. par hectare, suivant l'état du sol, la culture à laquelle on le destine et le climat: car on sait que plus un climat est chaud, moins le terrain exige d'engrais et surtout d'engrais stimulants et excitants, qui conviennent peu dans ce cas.

Les excréments des poissons déposés au fond des étangs

sont aussi très-fertilisants ; les terres qui sont enlevées des étangs poissonneux desséchés activent puissamment la végétation des légumineuses.

La *chair musculaire*, ou chair des animaux domestiques, est employée aujourd'hui dans presque toutes les contrées. A cet effet, les ateliers d'équarissage ont dressé des chaudières d'une grande capacité, où l'on fait bouillir la chair des animaux abattus ; on la dessèche par le même calorique qui sert à la faire cuire. Cet engrais est très-riche en azote, mais il conserve une odeur repoussante, qu'on lui enlève en partie en y mélangeant du charbon en poudre ou de la couperose. Dans la même opération, on obtient la graisse pour l'industrie, et les os restant à nu sont destinés aussi à l'agriculture ; ces os naturels non calcinés produisent également de très-bons effets, attendu qu'ils contiennent beaucoup d'azote et beaucoup de phosphate de chaux, dont l'efficacité est aujourd'hui bien établie.

Dans la culture des orangers et de l'olivier, on emploie depuis longtemps ces os concassés, qu'on enterre au pied des arbres. On en fait un grand usage en Angleterre, où l'on a construit des moulins d'une grande puissance pour mettre les os en poudre. La dose dans cet état est de 15 à 20 hectolitres par hectare ; l'hectolitre pèse 65 kilog. On doit, de préférence, les employer sur des terrains non calcaires, légers et perméables.

Les *cornes* et les *sabots* des animaux domestiques contiennent encore plus de principes fertilisants que les os, mais leur division est très-difficile et leur emploi devient alors moins général. On opère cette division avec des instruments tranchants. On dépose les débris des cornes au pied des oliviers, des arbres fruitiers, et dans les vergers : leur efficacité est de très-longue durée ; aussi les débris et les rognures des couteliers sont-ils très-recherchés.

Les *tourteaux* de graines oléagineuses sont les marcs des graines ou des fruits dont on a extrait l'huile au moyen d'une forte compression. Plusieurs sortes de ces tourteaux sont employées dans le Nord pour la nourriture des bestiaux. Dans les pays méridionaux, on s'en sert beaucoup plus pour fertiliser le sol que pour engraisser les bestiaux.

D'après M. le comte de Gasparin, les tourteaux qui contiennent le plus d'azote sont ceux d'arachide ; viennent ensuite ceux de sésame, de lin, de cameline, de madia, de pavot, de noix, de colza et de ricin. Les plus employés pour la culture sont le sésame, le colza, l'arachide, le ricin, et on destine à l'alimentation du bétail ceux de lin, de noix, de sésame et d'arachide décortiquée.

Le tourteau s'emploie en poudre à la dose de **800 kilog.** à 1,200 kilog. par hectare, suivant l'état du sol ; on le répand à la volée en même temps que les céréales, et dans la raie des cultures sarclées. **1,000 kilog.** de tourteaux de colza renferment autant d'azote que **12,300** kilog. de fumier de ferme. Les tourteaux sont d'une nature stimulante ; leur contact avec les fumures augmente la force végétative du germe de la plante, qui, par cette raison, a besoin de trouver dans le sol une plus grande quantité de principes nutritifs : il est donc indispensable d'ajouter du fumier de litière aux cultures dans lesquelles on emploie des tourteaux.

Les *chiffons de laine* sont classés comme un des engrais

les plus azotés, les plus fertilisants; ils proviennent des débris d'étoffes de laine qu'on trouve chez les chiffonniers. Dans le Midi, on emploie les chiffons pour la fumure des orangers et des oliviers; dans d'autres contrées, pour les vignes. On les enterre au pied des plantes, à 0^m,50 de profondeur. Cette qualité d'engrais produit ses effets pendant trois ans. Il est utile de les diviser autant que possible : on se sert, à cet effet, d'une vieille lame de faux, qu'on plante dans un chevalet en bois, et au moyen des deux mains, on peut les couper même sans danger. 1,500 kilog. suffisent pour fumer un hectare.

Les *plumes* sont aussi fertilisantes que les chiffons de laine et s'emploient dans les mêmes conditions. Les *chrysalides* de vers à soie qu'on obtient après le dévidage complet du tissu soyeux des cocons contiennent la même quantité d'azote que la colombine et peuvent être employées à la même dose et de la même manière. Quand elles sont fraîches, on peut les écraser et les délayer dans l'eau pour s'en servir en forme d'engrais liquide ; ou bien les faire sécher et les mettre en poudre, ensuite les répandre en forme de guano, duquel on est sûr de la pureté.

Le *marc d'olive* est le résidu des olives dont on retire l'huile au moyen de très-fortes presses. On l'emploie dans le Midi pour chauffage; mais, quoique contenant peu de parties fertilisantes, employé comme engrais au pied des plants d'olivier, il produit un très-bon effet, surtout après qu'on lui a fait subir un commencment de fermentation.

La *suie* est le produit de la distillation des combustibles, lequel se dépose dans les cheminées et les poêles ; elle renferme une grande variété de sels et de substances stimulantes et nutritives. On augmente ses facultés bonifiantes en la mêlant aux cendres de bois. On l'emploie pour les céréales et pour les légumineuses, à la dose de 20 à 25 hectol. ou 2,000 à 2,500 kilog. On ne doit la répandre que par un temps humide. Elle est favorable surtout aux prairies soumises à l'arrosage. Seule, elle détruit les mousses qui naissent dans les champs ; elle a la faculté, par son mélange aux engrais animaux, de diminuer leur odeur infecte et même de ralentir leur putréfaction. Elles garantit les plantes des insectes et des animaux nuisibles ; elle améliore les fumiers d'étable. Pour empêcher les rats de détruire dans la terre les semences des glands, châtaignes et autres, on n'a qu'à les faire tremper dans une forte dissolution de suie.

Noir animal. — Dans les raffineries de sucre, on se sert du charbon d'os en poudre très-fine, afin de dépouiller le sirop de l'albumine du sang qui a servi à le clarifier. Ce charbon contient beaucoup de sel calcaire et des phosphates. Aussi il ne convient comme engrais, dans les contrées méridionales, que sur les sols humides, compactes et qui ne contiennent pas de calcaire. On l'emploie à raison de 6 à 8 hectolitres à l'hectare. Il est avantageux surtout dans les sols nouvellement défoncés, dont il décompose, au moyen des sels calcaires qu'il renferme, les détritus des plantes aquatiques, qui, privées pendant longtemps de l'action de l'air, passent à l'état d'acide. On ne l'enterre que très-légèrement, et on doit l'employer de préférence pour les récoltes qui n'occupent le sol que très-peu de temps.

Les *résidus des usines à garancine* sont employés depuis peu comme engrais. On s'était beaucoup préoccupé des eaux de lavage de la garancine au point de vue agricole, attendu que la transformation de la poudre de garance en garancine, qui s'opère en traitant cette poudre à la température de l'eau bouillante, par un mélange convenable d'eau et d'acide sulfurique, fournit une grande quantité de ces eaux. On comprend que, par l'évaporation, ces eaux doivent redonner la majeure partie des substances que l'alizari, ou racine de garance, a puisées dans le sol, et que, en appliquant cet engrais à la culture de la même plantation, on restitue à la terre une grande partie des éléments qu'elle lui avait fournis. Ces résidus, dont on a reconnu la valeur fertilisante, contiennent, parmi les éléments des engrais, du phosphate de chaux, du sulfate de chaux, du sulfate d'ammoniaque, du sulfate de potasse et d'alumine. Ils produisent aussi de très-bons effets comme engrais sur les oliviers, les orangers, les pommes de terre. On donne à ces résidus le nom de *noir de garance*. Cet engrais est dû à MM. Faure et Pernot, chimistes et fabricants de garancine à Avignon, qui, quoique industriels, ont heureusement obéi à la loi de la nature, qui exige que tous les engrais végétaux ou provenant des végétaux soient employés à féconder la terre qui les a portés.

L'*engrais Jauffret* est dû à un agriculteur de ce nom, qui habitait une des contrées sèches et maigres de la Provence, où se trouvaient des quantités considérables de tamarix, de bruyères et d'ajoncs surtout. Manquant d'engrais dans son exploitatien et ne pouvant tenir des bestiaux, vu l'aridité de ses terres, il imagina de fertiliser ses récoltes au moyen de ses arbustes encombrants; il établit donc une petite machine pour les hacher, et il les jeta après dans une vaste citerne bétonnée, en versant dessus, pour l'imbiber complétement, la dissolution dont nous donnons ci-après la composition :

200 kil. plâtre (sulfate de chaux),
100 kil. matière fécale,
 50 kil. suie de cheminée,
 30 kil. chaux vive,
 20 kil. cendre de bois,
  1 kil. sel marin (muriate de soude),
500 gr.   salpêtre (nitrate de potasse).

Ces matières, délayées dans 10 hectolitres d'eau, étaient destinées à convertir en engrais 1,000 hectolitres de matières végétales, représentant ainsi 4,000 hectolitres de fumier de litière. Dès que ces végétaux étaient bien imbibés de cette lessive, il les retirait, les mettait en tas, bien recouverts de terre; il les arrosait avec ce même liquide le cinquième jour, et le douzième il avait un engrais dans un état complet de fermentation. L'ajonc surtout contient beaucoup plus de matières fertilisantes que la plupart des végétaux qui servent de litière.

Les *pains cretons* sont les résidus que laissent les graisses animales après qu'on en a extrait le suif. Ces résidus, sous forme de tourteaux, contiennent 12 à 12 1/2 % d'azote et sont par conséquent très-fertilisants. Pour s'en servir, il faut les briser et les faire tremper dans l'eau au préalable.

Le *suint* provenant du lavage des laines est aussi **un** excellent engrais ; on l'obtient en faisant écouler les eaux des lavoirs de la ferme dans un fossé plein de paille , qui s'en imbibe en laissant surnager le suint. Vu son énergie, le suint doit être employé avec ménagement, comme les pains de creton.

Écobuage. — C'est une opération par laquelle on réduit en cendres des mottes de terre plus ou moins grandes et de $0^m,03$ à $0^m,04$ d'épaisseur, garnies de beaucoup de chevelu, de racines et d'autres débris organiques. Après les avoir laissés sécher à l'air, on en fait des tas plus ou moins forts, au milieu desquels on a placé des fagots de broussailles , afin d'en faciliter la combustion , qui se maintient ensuite pendant quelques jours. Les cendres d'écobuage sont répandues sur les terres, notamment sur les terrains humides , argileux ou tourbeux, où elles produisent le même effet que les substances calcaires, sans en avoir les qualités souvent trop excitantes. Ce mode d'engrais convient dans les lieux escarpés, où les véhicules pour transporter le fumier ne peuvent arriver, quand on peut trouver sur les lieux des mêmes mottes en suffisante quantité. L'écobuage convient également pour amender et fertiliser les terrains argileux et tourbeux, qui contiennent souvent des acides quand ils ont séjourné sous l'eau. Sans nous étendre plus longuement sur des engrais de peu d'importance, voici le relevé des engrais connus, classés par ordre

Cours d'agr. prat. 9

de fertilité, d'après les analyses de MM. Boussingault et Payen, et dans l'ordre de leur richesse à l'état sec :

Désignation de la substance.	Azote dans 100 parties de matières sèches.
Engrais normal des fermes	2,00
Urines	23,108
Chiffons de laine	20,26
Urine desséchée à l'étuve	17,556
Plumes	17,61
Sang coagulé et pressé	17,00
Râpure de cornes	15,78
Guano, première importation d'Angleterre	15,74
Sang sec soluble	15,503
— liquide	5,503
Bourre de poil de vache	15,02
Chair musculaire	14,25
Pain de creton	12,93
Urine de cheval	12,05
Hareng frais	11,707
Marne salie	10,862
Colombine	9,02
Chrysalides de ver à soie	8,987
Tourteaux d'arachide	8,89
Suc de pomme de terre	8,28
Eaux de féculerie	8,28
Noir anglais	8,022
— fondu	7,58
Tourteaux de sésame	7,42
Feuille de mûrier blanc	6,066

Désignation de la substance.	Azote dans 100 parties de matières sèches.
Tourteaux de lin	6,00
— de cameline	5,93
— de madia	5,70
— de pavot	5,70
— de noix	5,59
— de colza	5,50
Touraillons	4,90
Tourteaux de chènevis	4,78
Fanes de betterave	4,50
Graines de lupin	4,35
Excréments mixtes de chèvre	3,93
Urine de vache	3,80
Litière de vers à soie	3,709
Marc de raisin	3,56
Excréments de porc	3,37
Excréments mixtes de cheval	3,02
— de mouton	2,99
Fanes de carotte	2,94
Buis (rameaux et feuilles)	2,89
Résidus de la fabrication du bleu	2,803
Poudrette de Montfaucon	2,67
Engrais hollandais	2,478
Fanes de pomme de terre	2,30
Marc de houblon	2,228
Fan. des auberges du Midi	2,083
Noir animal des raffineries de Paris	2,04
Paille de pois	1,95
Feuilles de hêtre	1,906

Désignation de la substance.	Azote dans 100 parties de matières sèches.
Lupin blanc (tiges et fleurs).............	1,87
Racine de trèfle.....................	1,77
Suie de houille......................	1,59
Écume de défécation.................	1,779
Fumier de couche épuisé.............	1,577
Feuilles de chêne d'automne..........	1,565
— d'acacia	1,567
Eaux de fumier.....................	1,54
Paille du blé, partie supérieure........	1,42
Noir animal fin.....................	1,40
Genêt	1,37
Suie de bois........................	1,31
Pulpes de betterave..................	1,26
Feuilles de peuplier..................	1,166
Paille de lentille....................	1,12
— de millet.....................	0,96
Balle de froment....................	0,94
Résidu de colle d'os.................	0,912
Marc d'olives	0,769
Sciure de bois de chêne..............	0,72
Cendres de Picardie.................	0,71
Marc de pomme acide................	0,63
Paille de sarrasin...................	0,54
— de froment...................	0,53
— de blé.......................	0,43
Coquilles d'huître	0,40
Goëmon brûlé......................	0,40
Paille d'avoine.....................	0,36

Désignation de la substance. —	Azote dans 100 parties de matières sèches. —
Paille d'orge	0,26
— seigle	0,20
Coquillages de mer séchés	0,052

SYSTÈMES DE CULTURE

CULTURE PRIMITIVE

Dans les premiers âges du monde, avant que l'homme eût reconnu par expérience les avantages qu'il pourrait retirer du labourage, il n'y avait pour satisfaire aux besoins des populations que les fruits et les racines que le sol produit naturellement et sans culture. Mais cet art dut prendre naissance de bonne heure, et l'homme fut bientôt amené à augmenter la production du fruitier et à rendre sa nourriture plus variée et meilleure, en cherchant les plantes, les poissons et les animaux les plus aptes à son alimentation; ces derniers, par suite de leur prompte reproduction, purent bientôt rendre à l'homme ce qu'ils avaient reçu de la terre, viande, lait, laine, etc. L'homme s'empara principalement du mouton comme de celui des animaux qui pouvait le mieux satisfaire ses besoins; il fut ainsi entraîné à lui prodiguer, dans son propre intérêt, tous ses loisirs et tous ses soins.

De ces besoins naquit le système pastoral primitif, qui est le plus simple et le plus productif.

L'espèce ovine, étant l'objet de tous les soins de l'homme, s'accrut dans des proportions si grandes, et, même après l'invention du labourage et de la culture des céréales, les troupeaux représentaient tellement la fortune de l'homme, qu'ils constituaient le seul numéraire pour les transactions.

Le système pastoral pur consistait dans la conduite des troupeaux sur les terrains incultes; plus tard arriva le système pastoral mixte, c'est-à-dire la jachère alternant avec la culture des céréales.

Lorsque le nombre des pasteurs augmenta, qu'ils quittèrent la vie nomade pour se réunir dans des hameaux et ensuite dans des villes, les besoins des populations devinrent plus exigeants, et on dut se livrer à la culture des céréales; mais on abusa tellement de la fertilité du sol, qu'on fut obligé de le laisser reposer et de ne lui réclamer qu'une récolte tous les deux ou trois ans. Les cultures sarclées n'étaient pas connues à cette époque, et on admit forcément la jachère alternant avec la culture du blé, laquelle ne réclame pas de capitaux importants.

Le système pastoral mixte, que l'on pourrait qualifier de système *céréal*, a persisté pendant des siècles: l'homme sans connaissance, sans combinaisons, ne pouvait mieux faire, pour satisfaire ses besoins, que de s'attacher à une culture aussi simple que facile, et qui lui procurait la matière alimentaire par excellence.

La culture du blé a été d'inspiration divine, car elle a

lieu chez presque tous les peuples et dans tous les climats ; toutes les qualités de terre lui conviennent, à l'exception des régions polaires, où la nature sauvage et ingrate ne lui permet pas de végéter.

Le système céréal est celui qui a été le plus longtemps usité, et ce n'est que depuis un siècle environ qu'il a été remplacé généralement par la culture *alterne*.

Le *système alterne* pourrait être aussi appelé *pastoral mixte perfectionné ;* il consiste à ne faire sur le même sol deux récoltes de la même plante que très-rarement, c'est-à-dire à alterner la culture des céréales avec celle des plantes fourragères et des plantes racines, de manière à établir l'équilibre entre les récoltes améliorantes et les récoltes épuisantes. Ce système, qui ne lie en rien le culti- vateur, présente des avantages notables et des écueils inportants : au moyen des prairies artificielles et des cultures sarclées, la vertu fécondante des terrains existe tou- jours et le sol n'est jamais improductif, sauf des circon- stances particulières ; le fumier ne manque jamais, puis- qu'il est fourni par les animaux qui consomment sur place les produits fourragers ; au moyen de cet élément repro- ducteur, les terres à blé et les productions industrielles rendent le double sur un espace moindre et donnent moins de travail. Mais les avantages de ce système, qui sont réels et réalisables avec des capitaux suffisants et de l'intelli- gence, deviendraient illusoires si, sans engrais suffisants et sans les bras nécessaires aux cultures sarclées, on voulait l'appliquer à des terres ingrates et ruinées.

Pour suppléer aux travaux manuels considérables qu'exi- gent les cultures sarclées surtout, il convient d'y appliquer des instruments perfectionnés et des animaux en nombre proportionné au capital d'exploitation : pour une ferme de 100 hectares, la mise de fonds ne saurait être évaluée à moins de 300 francs l'hectare, pour obtenir des résultats avantageux.

JACHÈRE

Thaer a dit : « Mettre un champ en jachère signifie » préparer un terrain pour la récolte suivante, après des » labours réitérés et faits dans le courant de l'été, sans » en exiger de produit pendant cette année. Un champ » ne peut donc être dit en jachère que lorsqu'il a reçu le » premier labour, lorsqu'il a été jachéré ; tandis qu'un » champ est dit en repos lorsqu'il est consacré au pâturage » du bétail, et on désigne ce genre de pacage sous le nom » de pâturage sur un champ en repos. » Cette définition, aussi précise que simple, a été fort longtemps méconnue par un grand nombre d'agriculteurs, et même par des auteurs recommandables, qui ont donné le nom de *jachère* aux terres en repos, en friche. Les propriétaires et les fermiers entretenaient cette confusion, les uns pour leur commodité, les autres pour leurs intérêts ; car l'exploitant ne payait que l'année pendant laquelle la terre produisait ; aussi y a-t-il eu, surtout dans les contrées méridionales, un délai beaucoup plus long que dans le Nord, pour se débarrasser du système absolu de la jachère.

On donne le nom de *jachère morte* à cette pratique qui consiste à laisser un an la terre sans culture et à multiplier pendant ce laps de temps les labours, les hersages et les scarifications, opération qui consiste à remuer le sol toutes les fois que les plantes adventices (mauvaises herbes) commencent à pousser, et avant les gelées et les grandes chaleurs, qui toutes deux divisent les molécules du sol.

La jachère a donc pour objet de débarrasser un champ des mauvaises herbes et même du chiendent, pour la destruction duquel il faut faire au moins deux labours pendant les sécheresses de l'été. La jachère ameublit le sol, en lui procurant les moyens d'absorber les bonifications contenues dans l'eau de la pluie et de la neige.

Il y a aussi des *demi-jachères*, qui consistent à laisser reposer la terre pendant l'automne et l'hiver, et à ne faire les cultures qu'au printemps ou bien en automne. Ce mode-là est encore très-usité, et il est même très-avantageux pendant les années où l'automne, pluvieux, ne permet pas de faire les labours dans un état convenable; mieux vaut alors labourer le sol avant les gelées et ne le semer qu'en mars, après un second labour. Quoique la terre profite très-peu des bonifications aériennes pendant le froid, elle gagne sous le rapport physique en s'ameublissant par l'effet des gelées, surtout quand sa nature est argileuse.

On ne saurait douter que les bonifications atmosphériques sur les sols labourés à plusieurs reprises, pendant une année, ne l'améliorent sensiblement; mais, par suite de l'abus qui a été fait de semer constamment pendant des siècles, des céréales après la jachère, la terre, qui contient des sels appropriés à chaque famille de plantes, a dû être épuisée; car les céréales appartiennent à une des familles les plus épuisantes (les graminées). On a dû recourir alors à un autre système de culture améliorante et productive, en suivant un ordre régulier, basé sur la nature du sol, le climat et les débouchés. Le système des assolements. s'en est suivi, et c'est d'après son adoption plus ou moins large qu'on peut juger de l'intelligence et des résultats de l'agriculture d'un pays.

Mais, si la jachère doit être supprimée parce qu'elle occasionne la perte d'une année de produit, on doit quelquefois s'en servir pour ameublir un sol neuf, argileux ou garni de mauvaises plantes, telles que le chiendent. Aucun amendement, ni aucune façon employée pour la culture des plantes sarclées, n'équivaut à trois ou quatre labours d'une jachère sur un sol compacte et infesté de plantes adventices.

ASSOLEMENTS

—

Théorie et établissement des assolements

On entend par assolement l'affectation des diverses parties d'un domaine à une succession de cultures qui alternent et qui se nuisent entre elles le moins possible, afin de tirer du terrain le plus grand produit, aux conditions les plus économiques pour l'exploitant et les plus améliorantes pour le sol.

Bien des agriculteurs pensent que les assolements sont d'introduction toute récente; on en trouve même qui les taxent d'innovation, pour ne pas les admettre: il est vrai que depuis peu de temps seulement on a introduit dans la théorie de notre agriculture les conditions d'un ordre progressif, soit dans la science, soit dans la répartition des plantes sur les différentes parcelles (ou soles) d'une exploitation; mais la pratique des assolements avait lieu même dans l'antiquité.

Les principes du système *pastoral* mixte ou céréal étaient les mêmes que ceux de l'assolement biennal, *jachère* et blé; les Grecs eux-mêmes ne pratiquaient-ils pas le même assolement biennal, et ne l'avaient-ils pas importé dans le midi de la France, où ils avaient fondé des colonies?

Caton, qui vivait cent cinquante ans avant Jésus-Christ, écrivait: « Laissez reposer un champ de deux en deux ans,
» vous le réparerez par le repos; ou bien faites suivre le fro-
» ment par une récolte de légumes qui retentissent dans
» leurs gousses quand ils sont agités par le vent, de vesces
» au grain fort menu, ou d'une forêt de tiges de lupin; mais
» gardez-vous d'y mettre du lin, de l'avoine ou du pavot,
» qui épuisent la terre. «

Virgile, tout en conseillant les jachères, n'a-t-il pas, comme beaucoup d'autres anciens agriculteurs, conseillé d'utiliser les champs et même de les bonifier pendant l'année de repos, de jachère, d'y semer les pois, les vesces, les lupins et autres légumes? Mais peu de temps après, dans le premier siècle de notre ère, Columelle, qui passait pour le plus savant agronome romain, n'a pas admis que la terre vieillissait et s'appauvrissait en produisant; car il reconnaît que, bien cultivée et bien tournée, elle pourrait

conserver ses qualités fécondantes, et il dit : « Nous
» ensemençons le champ de vesces ou de navets, l'année
» suivante de froment, et la troisième de vesces mêlées de
» graines de fève. » Il serait difficile de trouver un assoment triennal qui puisse répondre mieux aux besoins de
l'homme et de la terre.

Cette opinion de Columelle est non-seulement de toute
justesse, mais elle est basée sur les faits pratiques et sur la
difficulté qu'on éprouve bien souvent pour obtenir d'une
jachère tous les résultats qu'on en attend. On ne saurait
mettre en doute que, pour arriver à débarrasser le sol infesté de mauvaises racines et de mauvaises plantes, il faut
le labourer à plusieurs reprises pendant qu'il est très-sec,
pour faire pourrir les racines vivaces; car, s'il lui reste
encore un peu d'humidité, le labour ne fait que multiplier
le chiendent comme toutes les autres plantes vivaces. D'un
autre côté, il est indispensable que la terre soit humide
pour faire végéter les graines et pour les entretenir en état
de végétation : évidemment le sol ne peut que rarement
présenter ces deux états alternatifs de sécheresse et d'humidité favorables pendant toute l'année ; il vaut donc mieux
faire choix, parmi les nombreuses plantes dont notre agriculture s'est enrichie depuis l'antiquité, de celles qui
l'épuisent le moins et qui sont productives, afin de tenir le
sol constamment cultivé et couvert de plantes, surtout pendant les grandes chaleurs ; mais le choix de ces plantes et
de leur rotation sur le même sol, pendant un temps donné,
exige pourtant des études et des combinaisons desquelles
résultent la prospérité on la ruine.

Ainsi que l'a fort judicieusement établi M. Pietet, « pour
» bien cultiver un assolement, il faut avoir égard à un

» grand nombre de données, qui varient suivant les terres,
» le climat, le genre de culture du pays, la proximité des
» villes, le prix relatif des denrées et la facilité des débou-
» chés. La bonne agriculture est prévoyante, et il suffit
» toujours, pour qu'un assolement soit bon : 1° qu'il nettoie
» la terre en la maintenant en bon état, prête à donner
» de belles récoltes, sauf les saisons décidément con-
» traires; et 2° qu'il donne le plus grand revenu que la
» terre puisse comporter, sans nuire au principe de la con-
» servation et de l'amélioration. » La plupart des agronomes les plus distingués pensent que la terre sert aux
plantes de point d'appui, de milieu dans lequel elles déve-
loppent leurs racines, ainsi que de réservoir à l'humidité
et à différentes substances propres à leur entretien, et
qu'elles se suffisent à elles-mêmes par leurs propres éléments.

Après avoir abusé de la fertilité du sol par de nombreuses
récoltes de différentes espèces, on le trouve épuisé, et on
le fait revenir en valeur productive par des engrais; tandis
que, lorsqu'on a abusé d'un même sol par des plantes de
la même espèce, il ne se trouve que fatigué ou affecté;
mais alors il peut encore donner des produits convenables
avec des végétaux d'une autre nature et d'une autre famille.
Dans le cas où l'on s'obstinerait à ne pas changer de culture et à augmenter la fertilité par des engrais seulement,
le sol ne produirait pas autant que par un changement de
culture sans addition d'engrais.

Nous donnerons un relevé des plantes qui conviennent
le mieux aux contrées chaudes, après avoir bien établi la
définition des assolements, des rotations et des soles, et
indiqué les différences qui existent entre elles.

Assoler, c'est diviser le terrain d'un domaine en diverses soles, c'est-à-dire en diverses parties, et affecter chacune d'elles à une succession ou rotation plus ou moins longue de culture de plantes différentes. La désignation du mot *assolement* s'applique à la manière dont les genres de culture de plantes sont répartis dans le courant d'une année, sur les différentes soles d'une exploitation rurale. Par *rotation*, on entend le laps de temps qui s'écoule avant le retour de la même plante sur la même sole ; elle indique donc la manière et l'ordre dans lesquels les différentes cultures doivent se succéder.

Prenons pour exemple un petit domaine de quatre hectares, qu'on diviserait en quatre parties, soit quatre soles, on aurait :

ROTATION DE QUATRE ANS.	DIVISIONS OU SOLES	1861.	1862.	1863.	1864.
	N° 1.	Pommes de terre fumées.	Blé.	Vesce.	Avoine.
	N° 2.	Blé.	Vesce.	Avoine.	Pommes de terre fumées.
	N° 3.	Vesce.	Avoine.	Pommes de terre fumées.	Blé.
	N° 4.	Avoine.	Pommes de terre fumées.	Blé.	Vesce.

Il sera facile de se convaincre par ce tableau de l'utilité et de l'ordre des rotations; l'exploitant a chaque année la même quantité de produits variés qui suffisent à ses besoins, à ceux de ses animaux et au maintien de la fécondité de ses quatre soles, en évitant que deux cultures épuisantes ne se suivent. Après l'expiration des quatre ans, on reprend la même rotation, en appliquant toujours le fumier aux pommes de terre ou autres cultures sarclées.

Il serait bien difficile, dans la plus grande partie des contrées méridionales, de voir adopter les assolements; les capitaux plus importants qu'ils réclament, les habitudes d'ordre et certain degré d'intelligence exigé par ce mode d'exploitation, seront, pendant longtemps, des obstacles sérieux, surtout à cause du morcellement des propriétés. Dans les montagnes du Midi et en Savoie, la culture pastorale mixte est encore suivie, les céréales y alternent avec la jachère; dans les domaines surveillés ou dirigés par des propriétaires fortunés, le plus grand nombre a adopté la culture alterne, et d'autres l'assolement de quatre ans. Voici, du reste, quelques exemples des divers assolements suivis dans le Midi :

Assolement biennal ou de deux ans

1° Jachère, 2° céréales. Ce mode de culture est aujourd'hui moins usité ; il est généralement remplacé par :

1° Blé, 2° trèfle.

Si la nature du sol est moins fraîche et sablonneuse, on sème :

1° Blé, 2° sainfoin.

Cet assolement laissant le propriétaire parfaitement libre, il se rejette, suivant la localité, sur les cultures industrielles.

1° Chanvre fumé, 2° blé; ou 1° lin fumé, 2° blé.

1° Pommes de terre fumées; 2° blé, suivi de cultures dérobées, navets, moutardes, fenugrecs, carottes, etc., suivant la nature du sol.

D'autres, enfin, qui ne craignent pas d'abuser du sol, font :

1° Céréales d'hiver, 2° céréales de printemps.

Assolement triennal ou de trois ans, ou Système d'assolement alterne.

On ne saurait donner un meilleur exemple de ce système que celui décrit par Columelle, qui date du premier siècle de notre ère :

1° Vesces ou navets, 2° froment, 3° vesces mêlées de fèves.

L'alternat serait, sans contredit, l'assolement qui, sans culture sarclée, nettoierait et ameublirait le mieux le sol; il a pour but principal d'éviter que deux récoltes qui salissent ou durcissent la terre, comme les céréales, se succèdent immédiatement. Le cultivateur qui, pour sa liberté d'action, soumet ses terres à un assolement triennal, ne peut se passer d'avoir en même temps dans son exploitation des prairies permanentes; avec l'assolement triennal, il ne peut éviter d'acheter des engrais, ou, à défaut, d'intercaler une culture fourragère ; exemples : 1° pommes de terre , 2° céréales , 5° trèfle rouge.

1° Betteraves ,	2° Navets ,	5° Sainfoin.
ou pommes de terre ,	ou avoine ,	
ou navets ,	ou seigle ,	
1° Chanvre ,	2° Céréales.	5° Trèfle ,
ou lin ,		ou sainfoin
ou colza ,		défoncé en
ou anis ,		septembre.
ou coriandre ,		

La seconde végétation du trèfle ou du sainfoin , étant enfouie en vert , compense l'épuisement causé par les cultures industrielles relatées ci-dessus dans ce dernier assolement.

On trouve pourtant encore, dans diverses contrées montagneuses du Midi, un assolement triennal déplorable : 1° jachère, 2° blé, 5° blé fumé avec feuilles de bois fermentées.

Ces trois sortes d'assolement sont à la portée des exploitants de propriétés restreintes.

Assolement quadriennal ou de quatre ans.

1° Cultures sarclées fumées ,
2° Avoine dans laquelle ou sème du trèfle ou du sainfoin,
3° Trèfle ou sainfoin,
4° Froment.

Ceux qui se livrent aux cultures industrielles ou fourragères adoptent les assolements suivants :

1re année. Garance fumée.
2e   —   *Id.*
3e   —   Blé.
4e   —   Avoine.

La garance (famille des rubiacées) étant classée parmi les plantes épuisantes, cet assolement n'est pas assez long; les mêmes cultures reviennent trop souvent sur la même sole.

On trouve même certaines contrées où la cupidité pousse l'agriculteur à retrancher la quatrième année, celle de l'avoine : alors il fait après le blé une récolte dérobée de haricots ou autre , et revient ensuite à la garance; tandis que les agriculteurs plus intelligents et plus soigneux de leurs intérêts intercalent les fourrages avec la garance et adoptent les divisions ci-après :

N° 1.		N° 2.	
Luzerne prince........	4 ans.	ASSOLEMENT D'ORANGE.	
Blé..................	1	Luzerne fumée.	4 ans
Avoine..............	1	Blé..........	2
Garance fumée........	2 ou 3	Garance fumée.	3
ans suivant la nature du sol.		Blé	2
Blé.................	1	Avoine	2
Avoine..............	1		
	10 ou 11 ans.		13 ans.

N° 3.

Luzerne fumée....	4 à 6 ans.
Blé..............	2
Avoine...........	1
Culture sarclée ou sainfoin	2
Céréales	2
	11 à 13 ans.

N° 4.

Tabac fumé....	1 an.
Blé...........	1
Avoine........	1
Pommes de terre	1
Blé	1
	5 ans.

N° 5.

ASSOLEMENT ITALIEN.
Terrain arrosé.

Lin....	1 an.
Blé....	1
Millet..	1
Blé....	1
Maïs...	1
Prairies	4
	9 ans.

N° 6.

ASSOLEMENT ITALIEN.
Terrain humide et arrosé.

Riz.....	3 ans.
Maïs....	1
Blé.....	1
Trèfle...	1
	6 ans.

N° 7.

ASSOLEMENT ITALIEN.
Terrain sec.

Maïs.....	1 an.
Blé......	1
Trèfle....	1
Blé......	1
	4 ans.

Ainsi que l'observe M. le comte de Gasparin, avec ces assolements dépourvus de cultures fumées, le sol ne peut conserver sa fertilité que par la richesse des eaux d'irrigation.

On ne saurait trop insister, dans l'intérêt du sol et du propriétaire, sur l'importance qu'il y a de ne laisser revenir les mêmes plantes qu'à des distances assez éloignées. Il est toujours utile que l'assolement soit composé d'autant de soles qu'il y a d'années dans la rotation ; de cette manière, les produits sont égalisés, et la charge du fumier n'est pas plus grande une année que l'autre.

La pratique des assolements les plus convenables au sol ne dispense pas de fumer; il convient, suivant les rotations, que chaque sole soit fumée au moins une fois en quatre ans.

La quantité de fumier de litière par hectare varie, suivant la nature du sol et le genre de culture, entre 40 et 80 voitures, soit 40,000 à 80,000 k. Pour obtenir du sol ce qu'il peut produire, il convient qu'il y ait dans une ferme une tête de gros bétail (bœuf, cheval, mulet) pour deux hectares; il faut 10 bêtes ovines pour remplacer, en valeur d'engrais, une tête de gros bétail, qui produit par année 25 à 30,000 k. d'engrais :

100 kilog. de foin sec produisent 175 k. de fumier frais, contenant.................................. 75 k. de liquides.

100 kilog. de paille sèche consommée produisent.......................... 175 p. % —

100 kilog. de paille de litière....... 200 — —

D'après ces calculs, pour nourrir le nombre de bestiaux nécessaires à une bonne exploitation rurale, il faut qu'elle soit composée d'un quart en culture fourragère naturelle, artificielle, ou en fourrage racine, pour la bonne assimilation des aliments; ces trois sortes de fourrages sont très-utiles, quand les terrains se prêtent à leur culture.

Il est indispensable, pour tirer partie de tout en agriculture, de connaître les plantes qui enrichissent, améliorent, ménagent ou appauvrissent le sol.

Si les engrais ont une grande influence sur la végétation des plantes, celles-ci en ont aussi sur la quantité et la valeur des engrais, et tous deux exercent une influence immense sur le sol. Il est reconnu que la race porcine, qui est omnivore, produit le fumier le moins fertilisant quand elle est nourrie avec des herbes fraîches et des racines, mais que ce fumier devient de qualité supérieure à celui des autres animaux herbivores, quand on nourrit le porc avec de la chair. De même aussi, les crottins d'un bœuf ou d'un cheval nourri avec des farineux, du grain et de la luzerne, sont très-supérieurs à ceux qu'ils produisent quand ils ne mangent que du foin et de la paille. Enfin, plus le fourrage consommé contient de principes azotés et assimilables, plus le fumier est fertilisant pour le sol. Les plantes qui par leur culture améliorent le sol sont celles qui lui rendent plus qu'elles n'en ont reçu; ce sont donc celles qui puisent plus leur nourriture dans l'air que dans la terre, celles qui ont occupé le sol pendant longtemps, et enfin celles qui sont enfoncées en vert avant leur complète maturité.

On sait que les plantes ne se nourrissent pas seulement dans la terre, mais qu'elles s'alimentent aussi par l'air et par d'autres agents atmosphériques; on sait aussi que, par les débris que laissent chaque année les fourages permanents sur le sol, et par les détritus de leurs racines, elles augmentent la fertilité de la terre, et enfin que la plante n'épuise le sol qu'au moment de la maturité de son fruit ou de son grain; ainsi, toutes les céréales qui sont coupées avant leur maturité n'ont encore vécu que dans l'air et très-peu dans le sol, et quand, après avoir été coupées dans cet état, elles sont enfouies dans la terre, elle l'enrichissent non-seulement de toutes les bonifications qu'elles ont absorbées dans l'air, mais lui procurent, par leurs détritus herbacés, une souplesse qui est inappréciable dans les terres compactes surtout.

Schwerz, qui s'est occupé tout particulièrement de l'étude des assolements, place dans la première catégorie des plantes qui enrichissent le sol les végétaux qui sont enfouis en vert; ceux qui, d'après cet auteur, produisent ainsi le plus d'effet sont : le lupin, le sarrazin, la spergule, le genêt et le gazon. On emploie aussi très-avantageusement la vesce, la navette de printemps, le colza et les fèves surtout; mais la luzerne, le sainfoin et le trèfle, qui seraient enfouis à leur dernière coupe de fourrage, l'emporteraient sur toutes les plantes désignées ci-dessus.

Dans les contrées méridionales, où la récolte des céréales a lieu du 20 au 30 juin, on peut bien souvent faire une culture dérobée après les moissons, telle que de maïs quarantain, de millet, de haricots, des pommes de terre; mais il convient mieux pour le sol : 1° de semer des fourrages destinés à être enfouis, tels que l'avoine, la vesce, le sarrasin, la moutarde, les fèves, sur l'enfouissement desquels on sème le blé quinze jours après. Le lupin convient aussi, mais dans les terrains non calcaires.

Parmi les plantes qui améliorent le sol, le même auteur range celles qui, sans l'enrichir, lui rendent par leurs débris autant qu'elles en ont tiré, ainsi que celles qui nécessitent des cultures particulières, lesquelles amènent des influences favorables. Dans cette catégorie se trouvent la luzerne, le trèfle, le sainfoin, alors même qu'on n'enfouit pas les tiges; ainsi que la vesce, le colza, le tabac et les garances qui ne restent que dix-huit mois dans la terre; plus les betteraves repiquées, les féverolles, les fèves, etc.

Les plantes qui ménagent le sol sont celles qui, sans l'améliorer, ne lui enlèvent que peu et ne l'appauvrissent pas. Sont dans ce cas toutes les plantes coupées en vert avant la formation de la graine, comme vesce, pois, seigle, orge d'hiver, avoine, trèfle, ainsi que les navets et les carottes blanches, à collet vert, quand ils ont été pâturés, plus les pommes de terre.

Les plantes qui appauvrissent le sol sont les choux, les betteraves semées sur place, le froment, l'orge, le seigle, l'épeautre, l'avoine, les pois et les chardons sarclés.

Celles qui l'épuisent sont celles qui réclament beaucoup d'engrais, qui occupent la terre pendant plusieurs années, et qui ne restituent rien au sol. On range dans cette catégorie le houblon, la garance qui reste trois ans en terre et qui n'a pas reçu beaucoup d'engrais, les navets en récolte dérobée, le colza, le pavot, le lin, la gaude, etc.

Il ne suffit pas, pour bien établir un assolement, de retarder le retour des mêmes plantes sur un même sol, ni de faire succéder des plantes améliorantes à des plantes épuisantes, il faut aussi avoir égard, ainsi que nous l'avons établi plus haut, à un grand nombre de données, qui varient suivant le climat, la nature du sol, etc.

Les plantes utiles qui paraissent avoir le plus besoin de chaleur sont l'olivier, l'amandier, la vigne, le maïs, l'ail, le millet, l'épeautre, la gaude, l'anis, la luzerne, les gesses, l'esparcette, l'orge, le chardon et l'avoine d'hiver, la coriandre, la garance, le sarrasin, le tabac, le riz, les sorghos, le trèfle incarnat, les lupins. Enfin il est des plantes qui exigent des climats régulièrement chauds, comme l'oranger, le citronnier, le câprier, le dattier, l'arachide, la patate, etc.

Les pommes de terre, les navets, la plupart des céréales, les choux, le colza et le houblon, le chanvre, la betterave, la carotte, diverses graminées, etc., se plaisent davantage dans une température moyenne.

Dans les pays exposés aux oragans, il faut se dispenser de faire du tabac, du maïs, des topinambours et enfin des plantes élevées.

Dans un climat humide, on doit cultiver particulièrement le froment, l'orge d'hiver, l'avoine, la pomme de terre, le navet, la vesce, la betterave, le chanvre, le lin et les fourrages graminées surtout.

Dans les climats secs, cultivez de préférence le maïs, le seigle, l'orge d'été, le sainfoin, le chardon, les gesses, le trèfle incarnat, le sarrazin, le câprier, etc.

Les plantes qui couviennent aux terres sablonneuses sèches sont les pommes de terre, l'épeautre, l'avoine d'hiver, les raves et navets, le topinambour, le colza, la moutarde, la gaude, l'orge d'hiver, le sainfoin, etc.;

Aux terres sablonneuses fraîches, les graminées, les trèfles, le lin, les pois, les carottes, la navette, la luzerne.

Dans les terrains humides et de bonne qualité, la garance, le chardon, le tabac, les pavots, les froments, le maïs, les fèves, le safran, les pois-chiches, l'arachide, les lentilles,

les•haricots, le colza, le fenouil doux , le maïs, le coriandre, le carmin, etc.

Les plantes qui conviennent aux terres argileuses fortes ou glaiseuses sont les graminées, le pâturage et ensuite le froment et l'avoine, l'orge, les fèves, les vesces, les trèfles, les choux , les navets.

Dans les terres d'alluvion ou terres argileuses moins compactes et mêlées de calcaire , de sable et d'humus, on obtient d'excellentes récoltes de froment, de luzerne , d'orge, de tabac, de garance, de pavots, de maïs, de choux, de betterave, de sainfoin, de patates, de haricots, de chanvre, de fenouil, etc.

Dans les terrains tourbeux , peu de plantes prospèrent, sauf les graminées et le pacage ; il faut même qu'ils soient arrosés. Quand on les écobue et qu'on répand les cendres sur le sol, on y récolte de superbe avoine et beaucoup de sarrasin , de navets et de pommes terre ; les céréales y prospèrent aussi , mais après un écobuage répété.

Dans les terrains calcaires, on sème de préférence les froments, l'orge, l'avoine, le sainfoin, les pois, la chicorée, la pimprenelle , la houque laineuse , la flouve odorante et toute la famille des légumineuses.

Quand on a abusé pendant longtemps d'un terrain par des cultures industrielles qui sont pour la plupart épuisantes, l'insuffisance des capitaux et le prix élevé de la main d'œuvre forcent souvent le cultivateur à admettre le pâturage dans ses assolements ; cette voie est une des meilleures à

adopter dans les contrées méridionales, où la rareté du bétail est une plaie pour l'agriculture. Le pâturage reposerait
non-seulement le sol, mais il contraindrait le propriétaire
à entrer dans la voie du progrès le mieux entendu, celle de
l'élève et de l'engraissement des bestiaux. Voici un exemple
d'assolement à pâturage qui comprendra deux rotations
distinctes, la rotation pastorale et la rotation cultivable :

1° Avoine,
2° Pommes de terre ou betteraves, par moitié;
3° Blé,
4° Orge,
5° Trèfle et graminées,
6°, 7°, 8°, 9°, 10° Pâturages.

Les graminées et autres plantes propres au pâturage
naissent naturellement sur certaines qualités de terrain
argilo-calcaire.

Le défrichement des vieilles prairies devient souvent
une nécessité par insuffisance de production, quand on ne
les a pas fumées avec soin et quand elles sont envahies par
des plantes à fortes racines, à larges feuilles, ou par toute
autre cause nuisible. Ces défrichements sont fertilisants, à
cause de la vétusté des prairies et des engrais enfouis.
Aussi Olivier de Serre convenait qu'il fallait assoler les
prairies : « *Voyant,* dit-il, *votre pré ne rapporter à suffisance,*
» *ne soyez si malavisé de le souffrir avec si petit revenu;*
» *ainsi, le changeant d'usage, le convertirez en terre labou-*
» *rable, en quoi il profitera plus d'un an, produisant de*
» *beau blé et paille, que de six en foin, dont étant le foin*
» *renouvelé au bout de quelques années, sera remis en prai-*

» *rie.* » Dans ce cas, il convient de semer des céréales à forts chalumeaux, pour qu'elles ne versent pas, et après des cultures sarclées, pour bien émietter les mottes, qui absorberaient sans cela beaucoup de graines.

Voici les cultures à suivre après un défrichement de vieille prairie :

1re année. Sorgho ou avoine,
2e — Avoine ou gros blé barbu,
3e — Pommes de terre ou betteraves sarclées,
4e — Blé barbu avec culture dérobée,
5e — Blé fin avec culture dérobée,
6e — Avoine avec trèfle et graminées semées en avril ou mars,
7e — Trèfle et graminées,
8e — et suivantes, Prairies permanentes.

Pour la composition des prairies *naturelles* formées de graminées principalement, il convient aussi d'associer plusieurs plantes dont les tiges soient plus ou moins élevées et fleurissent à des époques différentes, afin que la prairie donne un foin plus fourni et d'un rendement plus régulier et d'une qualité supérieure. Ainsi, en mariant du rey-grass de pays (fromental), qui est très-élevé, surtout celui de Tourvet (Var), les fétuques, les dactyles et les chicorées, qui sont aussi fort élevés, on n'obtiendrait qu'un rendement ordinaire, parce que ces plantes vivent dans le même milieu; tandis qu'en y ajoutant le trèfle rouge ou blanc, suivant la nature plus ou moins argileuse du sol, la pimprenelle, la vesce vivace, etc., on obtiendrait davantage et mieux. Cette composition de plantes de différentes natures forme aussi un genre d'assolement immédiat, simultané et inévitable.

Les prairies *artificielles* ou *temporaires,* quoique présentant beaucoup moins de sécurité pour l'agriculture que les prairies naturelles permanentes ou pérennes, ne sont pas moins indispensables, par leur rendement plus avantageux et par la qualité nutritive des plantes qui les composent.

Si les prairies permanentes doivent être créées dans les terrains frais et même humides, les temporaires peuvent être établies sur des sols plus ou ou moins frais et plus ou moins arrosés.

Pour les prairies temporaires, il convient aussi d'admettre des mélanges de divers végétaux, qui, en permettant aux racines de différentes natures de s'entremêler sans se nuire, forment, par la saveur différente de leurs tiges, un fourrage plus agréable et plus assimilable.

On peut très-avantageusement faire des luzernières exclusivement composées de luzernes, comme aussi des champs de trèfle seul ; mais le mélange de la luzerne, du trèfle, du sainfoin, de la vesce et de l'avoine, tout en donnant une coupe plus abondante la première année, composent un mélange excellent et très-productif. En effet, ces quatre légumes prennent leur nourriture dans le sol à des profondeurs différentes, et ainsi ils ne peuvent pas se nuire entre eux.

M. le comte de Gasparin forme deux groupes de plantes pour prairies temporaires (artificielles) ; il range dans la première catégorie les plantes de différentes natures, dont plusieurs conviennent aux terrains frais , comme les luzernes, trèfle, chicorée, spergules; d'autres aux terres sablonneuses, telles que sainfoin, trèfle incarnat, sérudelle, choux, topinambours, et d'autres aux terrains cailouteux : genêt et et ajonc. Il désigne ce premier groupe sous le nom d'*améliorant*, parce que, ces plantes empruntant plutôt leur nourriture à l'atmosphère qu'au sol, elles améliorent celui-ci sans lui nuire beaucoup. Il nomme l'autre *groupe épuisant*, parce que les plantes qui le composent prennent plus à la terre qu'à l'air.

Premier groupe, améliorant.

1. Luzerne.	8. Genêt d'Espagne.
2. Trèfle rouge.	9. Spergule.
3. Trèfle incarnat.	10. Soudelle (pied-d'oiseau).
4. Sainfoin.	11. Chou.
5. Sainfoin (d'Espagne sulla).	12.
6. Vesce.	13. Chicorée.
7. Ajonc.	14. Topinambour.

Deuxième groupe, épuisant.

1. Ivraie.	4. Moka.
2. Herbe de Guinée.	5. Maïs.
3. Seigle.	

L'importance des cultures fourragères dans toute exploitation rurale, et la nécessité indispensable de connaître les plantes fourragères qui conviennent le mieux à chaque qualité de terre, nous engagent à donner la classification des terres publiée par M. Moll dans le *Journal d'agriculture pratique*, et ensuite le relevé des plantes qui conviennent à chaque nature de sol, ainsi que le mérite et les qualités nuisibles de chacune d'elles.

L'appréciation des terrains est basée, dans la classification de M. Moll, sur leur aptitude à produire du fourrage, ce qu'il considère comme le principal élément de production du sol. Partant de cette base, il admet neuf classes de terre. Les fourrages les plus usités sont la luzerne, le sainfoin, le trèfle rouge et le trèfle blanc.

1re Classe. — *Terre à luzerne de première classe.*

(*A*) Sol d'alluvion profond, argilo-calcaire, riche en terreau.

(*B*) Terre franche, moins argileuse que la précédente, profonde, sèche, mais sujette au desséchement ; le colza, le blé, les fèves, les luzernes, y viennent parfaitement : la luzerne produit 10,000 k. à l'hectare.

2e Classe. — *Terre à trèfle de première classe.*

Sol argilo-calcaire, suffisante quantité de terreau à sous-sol un peu humide ; la luzerne y vient peu : le trèfle produit 7,500 k. par hectare.

3e Classe. — *Terre à luzerne de deuxième classe.*

Terrain léger, profond, à sous-sol sec ; le trèfle et le **blé** y souffrent dans les années sèches : la luzerne produit **6,000** k. de foin par hectare.

4ᵉ Classe. — *Terre à sainfoin de première classe.*

Terrain calcaire, léger, à sous-sol moins compacte ; le seigle, l'orge, les pommes de terre, toutes les récoltes printanières réussissent bien ; le blé y donne passablement de grains, peu de paille : le sainfoin produit 5,000 k. de foin par hectare.

5ᵉ Classe. — *Terre à trèfle de deuxième classe.*

Argile compacte, peu de terreau, sous-sol imperméable ; convient encore au blé, au trèfle, et surtout à l'avoine ; récolte assez considérable, frais de culture élevés : le trèfle y produit 500 k. de foin par hectare.

6ᵉ Classe. — *Terre à luzerne de troisième classe.*

Terrain sablonneux, sous-sol de sable et de cailloux ; les récoltes, les racines, la navette, le seigle, le sarrazin y produisent avec de fortes fumures ; le blé n'y réussit que dans les années humides : la luzerne y vient peu, elle y produit 3,000 k. de foin par hectare.

7ᵉ Classe. — *Terre à trèfle blanc de première classe.*

(**A**). Sol argileux, maigre, sous-sol imperméable.

(**B**) Terrain quartzeux, sous-sol imperméable. Ce terrain ne convient qu'au trèfle blanc et à l'avoine ; le blé n'y donne de bonnes récoltes qu'à l'aide de fortes fumures ou du chaulage. Ce terrain nourrit une vache un quart par hectare.

8ᵉ CLASSE. — *Terrains à sainfoin de deuxième classe.*

(*A*) Sable calcaire, sous-sol rocheux.
(*B*) Marne sablonneuse, brûlante.
(*C*) Terre pierreuse reposant sur de la rocaille.
(*D*) Sol crayeux, sous-sol de craie pure ; le sainfoin y produit 2,000 k. de foin par hectare.

9ᵉ CLASSE. — *Terre à trèfle blanc de deuxième classe.*

Sol sablonneux, pauvre ; sous-sol de même nature; terre ordinaire des landes, noire. Ce terrain nourrit quatre moutons par hectare.

Pour ne rien omettre à l'endroit des plantes fourragères, qui sont la clé des produits agricoles, voici le relevé des plantes qui conviennent aux prairies permanentes dans les terrains humides, dans les terrains frais et dans les terrains secs. Nous donnons ensuite un tableau des plantes bonnes, inutiles et nuisibles, pour les prairies permanentes et pour les prairies artificielles.

Plantes pour prairies humides

Agrostis traçante.	Gesse des marais.
Epilobe velse.	Pâture aquatique.
— mollet.	— des marais.
— des marais.	Phalanèse roseau.
Fétuque flottante	Persicaire.
Féverole des blés.	Panis, herbe de Guinée.
— noueuse.	Vulpin genouille.
Gesse des prés.	

Plantes pour terrains frais

Avoine élevée (fromental).
Agrostis des chiens.
Couche gazonnante.
 — flexueuse.
 — des prés.
 — élevée.
Ivraie vivace.
Lotier à gousses.
 — corniculé.
Minette dorée.
Millet étalé.
Pâturins communs.
 — des prés.
Rey-grass anglais.
Trèfle blanc.
 — filiforme.
 — des prés.
Vesce à épis.
Vulpin des prés.

Plantes pour terrains secs

Avoine des prés.
 — jaunâtre.
Agrostis vulgaris.
 — d'Amérique.
Brome des prés.
 — doré.
 — chiendent.
 — des champs.
Caille-lait.
Couche élevée.
 — dactyle pelotonnée.
Fétuque hétérophylle.
 — ovine.
 — durette.
Flouve odorante.
Houque laineuse.
 — molle.
Gesse tubéreuse.
Gesse velue.
Ivraie des prés.
Lotier velu.
 — corniculé.
Luzerne rustique.
Mélitot blanc de Silène.
 — de Hongrie.
Orge bulbeuse.
Pâturin des bois.
Pimprenelle.
Rey-grass d'Italie.
Trèfle des prés.
 — incarnat.
 — jaune.
 — blanc.
Vesce à bouquet.
Véronique.

PRAIRIES NATURELLES

On entend par *prairies naturelles* un assortiment de végétaux herbacés qui ont la faculté de croître en masse dans le même sol et sous le même climat. Les prairies diffèrent des pâturages en ce qu'elles sont susceptibles d'être fauchées et de procurer du fourrage sec, tandis que ces derniers sont broutés et consommés sur place par les bestiaux.

Plantes bonnes pour prairies naturelles

Avoine fromental	Traçante.
Trèfle des prés	»
Gesse des prés	»
Jacobée des marais	Pivotante.
Maithe à feuilles rondes	Traçante.
Pâturin aquatique	»
Véronique Beccabanga	»
Caille lait blanc	»
Berle à larges feuilles	Rampante.
Vesce des prés	Traçante.
Tomates grosses des Anglais	»
Scabieuse colombaire	Pivotante.
Selnie laiteuse	»
Trèfle rouge	Traçante.
Dactyle glomérulé	Formant touffe
Houque laineuse	»

Fétuque élevée...................... Traçante.
Amourette moyenne.................. »
Pàturin à feuilles étroites............. »
Avoine jaunàtre...................... »
Mélilot ordinaire.................... Pivotante.
Fétuque menue..................... Rampante.
Toyen bleu......................... Traçante.
Marguerite grande................... »
Caille-lait de marais................ Rampante.
Blé jonciforme...................... Traçante.
Coronilles variées.................. Rampante.
Croisette velue..................... Rampante.
Alopécine geniculé.................. »

Auxquelles nous ajoutons :

Plantes inutiles au produit des prairies naturelles

Pàquerette vivace.
Primevère des prés.
Plantin moyen.
Mouron d'eau.
Bugle ordinaire.
Menthe pouillot.
Prunelle.
Pissenlit ordinaire.
Trèfle rampant.
Oseille des prés.

Scorsonnère des prés.
Narcisse.
Ulmaire des prés.
Benoîte des prés.
Valériane officinale.
Liseron des haies.
Gesse des marais.
Caille-lait.
Aulnée des marais.

Plantes nuisibles aux produits des prairies naturelles

Encens comestible.
Berce ordinaire.
Angélique sauvage.
Consoude grande.
Bardane ordinaire.
Centaurée scabieuse.
Angélique des goutteux.
Tussilage des marais.
Patience des marais.
Iris des marais.
Jonc piquant.

Ruban d'eau rameux.
Scirpe des marais.
Lenaigrette ordinaire.
Souchet des fonds.
Jonc ordinaire.
Masse d'eau à larges feuilles.
Roseau à balais.
Fougère femelle.
Prêle de toutes les espèces.
Saican hièble.
Roseau des marais.

Plantes annuelles pour prairies artificielles

Pois : noir ou d'agneau.
—   cultivé.
Gesse : cultivée,
—   blanche,
—   d'Italie,
—   noire,
—   velue.
Vesce : cultivée,
—   blanche,
—   cendrée,
—   de Narbonne.

Féverole : petite.

Lentilles : de Sologne,
—   lentillons,
—   ers.
Luzerne : contournée,
—   arabique,
—   épineuse.
Trèfle : incarnat.

Lotier : cultivé.

Auxquelles nous ajoutons :

Carotte : sauvage,
— cultivée.
Panais : sauvage et cultivé.
Choux : navets,
— turneps.
Radis cultivé.
Betteraves des jardins et champêtres.
Trèfle de Hollande et de Germanie.
Mélilot ordinaire et blanc.

Vesce bisannuelle.
Luzerne sauvage et cultivée.
Sainfoin ordinaire.
Trèfle de montagne.
Gesse des fonds.
Vesce des bois.
Avoine fromental.
Dactyle agglomérée.
Houque laineuse.
Pâturin des prés.

Auxquelles nous ajoutons encore :

ARBRES ET ARBUSTES

Ajonc ordinaire.
Genêts : à balais,
— odorant,
— purgatif;
Luzerne en arbre cytise de Virgile.
Robinier faux acacia.
Orme champêtre.

Frêne ordinaire.
Peuplier noir.
Pin sylvestre et pin maritime.

Auxquels nous ajoutons :

Cytise des Alpes.
Orme à larges feuilles.
Peuplier d'Italie.
Aunes divers.
Saule blanc.

Acacia inerme.
Érables divers.
Pin d'Alep.
Thuyas divers.

FIN DU PREMIER VOLUME

TABLE DES MATIÈRES

Cours d'agr. prat.   11

AMÉLIORATION DES TERRAINS AGRICOLES

SYSTÈMES DE CULTURES